岩波科学ライブラリー 283

# 素数物語

アイディアの饗宴

中村 滋

岩波書店

# はじめに

　この本は,「素数」の発見から「素数定理」の発見までの物語をわかりやすくまとめたものです. タイトルを『素数定理発見物語』としたほうが内容を正確に表しています.「素数」と聞いて抱く印象は人によって様々でしょう. ある人にとっては中学校あるいは高校の教室で聞いた「素因数分解」のおぼろげな記憶だったり, 最近どこかで耳にした新しいメルセンヌ素数発見のニュースだったりするのでしょう. 中には, カード番号などを含めた個人情報を守るために日夜活動している, 最新の暗号に使われている素数を思い浮かべる人もいるかも知れません.

　人により印象は様々であっても, 2, 3, 5, 7 が素数だということや, 相変わらず急速に進化しているコンピューターや, 格段に進化した最近の「パソコン」によって, ずいぶん大きな素数が見つかっていることくらいのことは, まず共通認識と言ってもよいでしょう. どちらにしても数学者にとっては大切な物らしいが, 大方の人にとっては「日常生活にはほとんど無縁な少々素っ気ない数」だというくらいが一般的な所でしょうか.

　この素数の様々な姿をわかりやすく, また読者諸氏の興味をそらさずに追ってみたい, というのが当初の私の希望です. かつてフェルマー, オイラー, ガウスといった大数学者たちが素数の秘密の解明に情熱を傾けた理由の一端が伝えられたら幸いです. かなり難しい定理も取り上げますが, 一般の読者を想定して, 難し過ぎる定

理の証明は省略し，また証明の一部をコラムに回すなどして，通読可能にするための努力を試みました．それでもなお難しいと感じる部分があったら，そこは読み飛ばしてください．そして後になって気になったときに，改めて読んでみてください．こんな読み方を繰り返していると，きっといつか「あっ，わかった！」という瞬間が訪れると思います．数学におけるこの「ヘウレカ体験」($εὕρηκα$ [英語で(h)Eureka]は「わかった！」という意味の古代ギリシア語で，今は気息記号(h)を発音しないこともある)はとても大事です．

また，素数に関する豆知識のようなことを**素数のトリヴィア**というコラムで随所に加えました．そしてすばらしいアイディアの数々を，**すばらしいアイディア**というコラムで紹介しました．これらの中には少し骨のあるものも含まれています．「素数」という魅力的なテーマを巡って，有名・無名の数学者たちが頑張ってかちとってきたアイディアのいくつかを紹介するものです．読者の皆さんにとって，そのすばらしさが理解できるコラムの数が，少しずつでも増えていくことを期待しています．わかればわかるだけ，サブタイトルの「アイディアの饗宴」という言葉の重みが感じられると思うからです．この「饗宴」はある時はライヴァルとの「競演」であり，ある時は仲間との「協演」にもなります．「協演」と言えば，「双子素数」の研究において，これまでとは全く異なる新しい数学の研究スタイルが始まったことを最後の章の§19で紹介します．このような重層的な構成によって，素数の面白さ・不思議さが幅広い読者の方々に伝われば，著者の本懐これに過ぎるものはありません．

この本の元になったのは，著者が東京商船大学(現・東京海洋大学)時代に行った講義です．素数論を軸に，様々なテーマを取り上げ，最後はフェルマーの最終定理における $n=4$ の場合の証明で締

めくくるという講義でした．その講義録が編集者の目に触れて，大幅な書き直しを経て，「素数論」の部分をこのような形で本にしていただけることになりました．大変うれしいことです．私の講義に出席した多くの学生たちと，この講義録を読んでくださった岩波書店の加美山亮さんと猿山直美さんに深く感謝します．

 2019 年 2 月 16 日 庭の春蘭を待ちながら

中　村　　滋

# 目　次

はじめに

## 序章　素数の不思議な世界 ——————————— 1
§1　新しい素数の発見がニュースになった日　1
§2　素数は 4000 年以上前から知られていたらしい　4
§3　初期ギリシア数学における素数　7

## 第1章　予備知識 —————————————— 14
§4　約数, 倍数　14
§5　最大公約数, 最小公倍数　16
§6　素数, 合成数, 標準分解　18
§7　合同式　22

## 第2章　人間理性の金字塔エウクレイデス ——— 26
§8　エウクレイデスの『原論』　26
§9　エウクレイデスの素数定理　28
§10　完全数の基本定理　35

## 第3章　フェルマーと仲間たち ———————— 44
§11　フェルマーとその時代　44
§12　天才フェルマーの勝利　49
§13　そしてドラマは始まった　59

# 第4章 "数学の独眼竜"オイラーの片眼が見た世界 —— 64

§14 恐るべき片眼の計算鬼　64
§15 オイラーの世界　69
§16 オイラーの定理とその応用　85

# 第5章 "数学者の王"ガウス —— 92

§17 話す前から計算していた天才少年　92
§18 「素数定理」の発見　100
§19 双子素数をめぐる新しい動き　109

# 付　録

§A ガウス晩年の手紙　118
§B 素数の個数とそのグラフ　126
§C 10,000までの素数表　128
§D 問の答　132

### 素数のトリヴィア

1 やっかいな素数「7」　6
2 素数ゼミの秘密　13
3 効率の良い素因数分解　21
4 「メルセンヌ素数」の現状　41
5 非メルセンヌ素数の「最大素数」の記録　43
6 「フェルマー素数」の現状報告　55
7 最大の「双子素数」の記録　114

### すばらしいアイディア

1 エラトステネスの篩　20
2 エウクレイデスの素数定理の証明　28
3 エウクレイデスの素数定理の最近得られた新証明たち　33
4 偶数の完全数はエウクレイデス=タイプに限られる　40
5 無限降下法　47
6 エウクレイデスの素数定理の史上2番目の証明　56
7 調和級数が発散することの証明
  14世紀のニコール・オレム vs 21世紀の最新版　70
8 オイラーの定理の証明　72
9 オイラー自身の論法　73
10 エウクレイデスの素数定理のオイラーによる証明　81
11 フェルマー-オイラーの定理の"ワン・センテンス証明"　89
12 天才少年ガウスが素数定理に気づくまで　101
13 スーパー双子素数の個数に関する髙橋予想　114

あとがき ———————————————————— 135

# 序章　素数の不思議な世界

> 分解されることを拒み，常に自分自身であり続け，美しさと引き換えに孤独を背負った者．それが素数だ．(小川洋子「孤高の美しさ貫く「素数」」，朝日新聞のコラム「地球くらぶ」連載の最終回；2004.5.29.『犬のしっぽを撫でながら』(集英社)に再録)

## §1　新しい素数の発見がニュースになった日

　2016年の1月，新聞の片隅に「最大の素数発見」の記事が載りました．よく読むと，何と22338618桁の「メルセンヌ素数」が見つかったというのです(メルセンヌ素数とは，$2^n-1$の形で書ける素数のこと．詳しくは第2章)．きちんと読むのも大変なこんな桁数の大きな素数に，何か意味があるのかな？　と不審に思った方もいたに違いありません．小川洋子さんの『博士の愛した数式』(新潮社，2005)を読んでいた方は，これでまた1つ，大きな「完全数」が見つかったことになる，と思ったことでしょう．

　確かにこれで人類は49個目の完全数を見つけたことになるのです．その桁数たるや，44677235桁になります．25行のノートの各行に細かい字で100桁ずつの数字をびっしり書いたとして，17871ページが必要になります．こんな途方もない数は誰も書かないし，誰も読みませんね．辞書や百科事典を"読む"(必要な時に"引く"のではなく)方はいらっしゃるようですが，意味があるから，面白いから読み続けられるのであって，ほとんど意味のない数字の羅列は読むに値しないのです．小学館の『大日本百科事典』初版は本巻

18巻で総ページ数13832，イギリスの"Oxford English Dictionary"は全20巻で21730ページなのだということです．たった1つの完全数を書くだけで，大事典並のページ数を必要とするのですね．

　少し調べてみると，じつは2015年の9月17日に，発見者のパソコンはこのメルセンヌ素数を見つけていたのですが，バグがあってこの発見が送信されず，定期点検のときまで気付かなかったのだそうです．発見者カーティス・クーパー(Curtis Cooper)は，大学ぐるみで数百台のパソコンを束ねて1998年頃から「メルセンヌ素数」探しに参加している「最大のメルセンヌ素数」ハンターです．過去にも2005年12月に43番目，翌年9月に44番目と，連続して「メルセンヌ素数」を見つけ，2013年には48番目の「メルセンヌ素数」を見つけていました．今回の発見は，メンテナンス時に不具合が判明するまで，数百台の内の1台が探し当てていたことに気付かず，正月明けにあわてて発表したのでした．

　この少々とぼけたところのあるクーパーは，現在フィボナッチ協会の公式ジャーナルである"季刊フィボナッチ(The Fibonacci Quarterly)"の編集長をしている人で，私もよく知っています．今回の発見で，スーパーコンピューター時代(1979〜96年)に7つの「メルセンヌ素数」を見つけたスロウィンスキー(David Slowinski)，1952年に初期のコンピューターで5つの「メルセンヌ素数」を見つけたロビンソン(Raphael M. Robinson)に次ぐ，4つもの「メルセンヌ素数」の発見者になったのでした．どこからか貰った賞金は計算機センターに寄付したそうです．

　これから2年ほど経って，2017年12月26日にさらに大きなメルセンヌ素数が発見され，2018年1月3日に素数であることの検証が終わったと公式に発表されました．こんどは23249425桁の

「メルセンヌ素数」で，これから作られる 50 個目の「完全数」の桁数は，46498850 桁です．発見したのは FedEx に勤めるアメリカの電気工学者ペース (Jonathan Pace) で，14 年探し続けた末のヒットでした．さらに，本書執筆の最終段階に，51 個目のメルセンヌ素数発見のニュースが飛び込んできました．2018 年 12 月 7 日に 35 歳の IT 専門家ラロシュ (Patrick Laroche) が発見し，21 日に他の人による 3 通りの検証で，素数であることが確認されました．これは 24862048 桁の「メルセンヌ素数」です．対応する 51 個目の「完全数」の桁数は，49724095 桁になります．彼は何年も GIMPS (Great Internet Mersenne Prime Search；世界中のパソコンをつなげてメルセンヌ素数を探すプロジェクト) のソフトを，コンピューターを作るときの「ストレス・テスト」に利用していましたが，最近 GIMPS 本来の目的であるメルセンヌ素数探しに参加しはじめました．そして参加してからおよそ 4 か月で今回のヒットにつながったのでした．何年も探し続けてヒットしない人が多い中で，とてもラッキーなことでした．古代から現在までに発見された「メルセンヌ素数」のリストは**素数のトリヴィア④**にまとめておきました．

ところで古代ギリシア以来，素数は無数にあることが証明されていますから，「最大の素数」なるものは存在しません．ここで「最大」と言っているのは，「明確な形で書けている素数の内で最大」という意味です．面白いことに，これまでに見つかった 51 個のメルセンヌ素数は，例外なしに，古代ギリシアで証明された「定理」に述べられた形をしています (第 2 章参照)．これは驚くべきことですね．何しろこの古代の「定理」は，最初の 4 つの完全数 (6, 28, 496, 8128) が書かれた文献が現れる 400 年も前の，紀元前 300 年

頃の出来事なのですから．人間理性は時折このようなすばらしい理論的な大ジャンプを見せるのです．

## §2 素数は4000年以上前から知られていたらしい

古代数学史において最近大きな発見がありました．世界的なバビロニア数学史家の室井和男は近著『シュメール人の数学』(共立出版, 2017)の中で，バビロニア数学以前のシュメール人の時代（BC2600〜BC2000年）に，すでに「素数の概念」があったことを示したのです．

19世紀の終わり頃から古代エジプト数学の内容が明らかになってきました．円周率 $\pi$ を 256/81 ($\fallingdotseq 3.16049\cdots$) と捉えたこととか，四角錐体の体積を正しく計算していたことなどを知って，絢爛たる古代ギリシア数学に先行するすぐれた数学の存在がはっきりしたのです．

これよりも少し遅れて20世紀の1930年代からバビロニア数学の内容が次第に明らかになると，今度はそのレベルの高さに驚きが広がりました．そこでは2次方程式が根の公式によって自由に解かれていました．もちろん公式を書き表す手段はまだ存在しなかったので，条件を変えたたくさんの問題を同じ方法で解くことによって，実質的に根の公式で求めたのです．

また，$\sqrt{2}$ の値が10進法に直すと小数点以下5桁まで正しく求められ(YBC7289)，45°から31°までほぼ1°ずつ変化する角度 $\theta$ に対する $\tan^2\theta$ の値が数表(Plimpton322)にまとめられていました．この $\sqrt{2}$ の値は，1辺が 10 m の正方形の対角線の長さを，何と 0.04 mm の誤差で測るという正確さで，現在の私たちにとって

も実用のレベルを超えています．まして，日干しレンガで家を建てていた3800年も昔のバビロニア人にとって，測定さえ不可能な正確さなのです．

　20世紀の後半に，これらのことが広く知られるようになって，数学史の大幅な書き換えが行われたのでした．古代バビロニア数学の内容については，室井和男の旧著『バビロニアの数学』(東京大学出版会，2000)に詳述されています．

　そのバビロニア数学が発展した同じ地において，それよりおよそ500年早く，シュメール人たちがメソポタミア文明の最初の担い手として登場します．もう少し正確に言うと，ギリシア人が両河の間(メソ・ポタミア)と名付けたエウフラテス河とティグリス河にはさまれた地帯の北部領域はアッシリアと呼ばれ，南部は後の大帝国に因んでバビロニアと呼ばれています．その南部領域バビロニアが，北側のアッカドと南側のシュメールにわかれるのです．あのピラミッドに象徴される強力な国家を作り上げた古代エジプトとは対照的に，肥沃な土地に多数の小さな都市国家が競合しあう所でした．

　世界で最初の文字を工夫した彼らシュメール人は，土地の面積や，麦の収穫・保管，灌漑工事などについて，膨大な計算を実行して記録に残しました．まとまった数学文書が存在しないために，室井は，残されたこれらの数字の羅列に踏み込むことによって，少しずつシュメール人の数学の内容を明らかにしてきて，ついに前述の著書にまとめたのでした．その結果，ピュタゴラスの定理はすでにシュメール人に知られていて，円周率も $3+1/8$ が知られていたということです．さらに驚いたのは，$3+1/7$ の方が良い値であることがわかっていたのに，60進法になじまなかったので，$3+1/8$ を使ったのだろうという推測です．

また，「素数」の概念もすでにこの時代にあったと推測しています．素数は掛け合わせることによってどんな整数でも作ることができますから，たくさんの計算が行われて初めてその存在に気づくものなのです．「計算好きのシュメール人」(前川和也の表現)と言われるほど，飽きもせずにたくさんの計算を行ったシュメール人だったからこその発見と言えるでしょう．20世紀にバビロニア数学のレベルに驚いた私たちは，今度はシュメール人の数学のレベルに驚かされるのです！　「バビロニア数学とシュメール人の数学の違いは，2次方程式を根の公式で解いたかどうかだ」という室井の指摘には真実驚かされました．

---

**素数のトリヴィア 1**

 やっかいな素数「7」

　メソポタミア文明においては，紀元前 2000 年以前のシュメール人たちの時代から 60 進法が使われていました．大麦の播種と収穫に関係しているのですが，室井著『シュメール人の数学』によると，1 年 365 日と深く結びついているようです．神にささげる祭りの日を除いて 360 日，角度で見ると，1 日にほぼ 1 度ずつずれて 1 年でちょうど元に戻ります．これを 1 か月 30 日，1 年 12 か月としたのが古代の暦で，円を 6 等分して 60° にしたのが 60 進法の起源でした．約数の多い 60 進法は理論的にはとても便利です．10 進法だと約数は 2 と 5 だけですが，60 進法では 2, 3, 4, 5, 6, 10, 12, 15, 20, 30 とたくさんあります．割り算をした時にきれいに割り切れる数が多いのです．そのときに，初めて割り切れない数が 7 で，とても厄介な数でした．だからこそ 7 は人間の力では計り知れない神聖な "神秘数" としてシュメール時代から神話にも現れるのです．古代エジプトの数学書「リンド・パピルス」にも 7 に因んだ問題が現れ，また新約聖書の『ヨハネ黙示録』に 54 回も「7つ」と「7人」が出てくるのは，おそらくシュメールの迷信が基になっているのだろう，と室井は推察しています．

## §3 初期ギリシア数学における素数

　紀元前5世紀の中頃から，古代ギリシアにおいて数学は大きく変容します．生活に必要な計算を実行するだけではなく，経験から得られた事実を一般的に成り立つ「定理」の形にまとめ，それを厳密に「証明」するという態度が芽生えたのです．また，たとえば「$\sqrt{2}$ の値が整数比では表せない」ということも「証明」しなければいけないことになりました．今から3800年も昔に古代バビロニアにおいて，10進法に直すと小数点以下5桁まで正しく求められ，望むならばさらに近似を進めることができたはずの $\sqrt{2}$ ですが，その値が整数比で表せるかどうか，などという発想は彼らには一切なかったのです．当時の最高のインテリだったバビロニアの書記官は，とにかく正確な計算とそれを正しく記録することだけを心掛けていたのでした．

　そこに一風変わった人たちが登場します．アゴラ(都市の広場)に集まって，とことん議論することですべての事を決めていった古代ギリシア人です．政治談義，哲学談義，裁判談義，などと共に，数学も議論の対象になりました．衆人環視の中で議論をして相手を納得させるために，論理力を鍛え，言葉の使い方を工夫し，疑問点を残さないように細かいところまで気を遣うということが日常生活で繰り返し行われていたのです．

　ピュタゴラス派の数論(プセーポイ数学)は，小石を並べて数の性質を見つけました．たとえば，小石を正三角形および正方形の形に並べると，

となって,**三角数**(triangular number) 1, 3, 6, 10, … と**四角数=平方数**(square number) 1, 4, 9, 16, … が出てきます.$n$ 番目の平方数を $s_n$ と書くと,明らかに $s_n=n^2$ となります.「square」とは元々「正方形」という「形」を表す言葉でした.小石を並べた古代ギリシア人のおかげで,それがそのまま「平方数」を表す言葉になったのです.

三角数の一般公式はこれほど簡単ではありません.$n$ 番目の三角数を $t_n$ と書くと,

$$t_1 = 1, \quad t_2 = 1+2, \quad t_3 = 1+2+3, \quad t_4 = 1+2+3+4, \quad \cdots,$$
$$t_n = 1+2+3+\cdots+n, \quad \cdots$$

となります.同じ大きさの三角数を 2 つ並べて,1 つは上下を逆にします(次図).傾きをまっすぐに並べ直すと,

と,長方形に小石が並びます.一般的に書くと $t_n+t_n=2t_n=n(n+1)$,ゆえに $t_n=n(n+1)/2$ となることがわかります.これが三角数の一般公式です.次に 1 つだけ大きさの違う三角数を,小さい方を上下逆さまにして並べて,傾いた小石をまっすぐに並べ直すと次のようになります:

右側は正方形の形に小石が並んでいますから平方数で,$t_n+t_{n-1}=s_n=n^2$ となるのです.

小石を並べて次々に新しい関係式を見つけたばかりか,「ピュタゴラスの3つ組(Pythagorean triple)」と呼ばれる「直角三角形の3辺をなす自然数の組」が無数にたくさん存在することを次のようにして「証明」していました.次図のように,左上の小石(●)1個から始めて,小石を順次カギ形(⌐)に並べると,その度に一回り大きな正方形ができます:

$$
\begin{array}{l}
1 = 1^2 \\
1+3 = 4 = 2^2 \\
1+3+5 = 9 = 3^2 \\
1+3+5+7 = 16 = 4^2 \\
1+3+5+7+9 = 25 = 5^2
\end{array}
$$

小石の個数を数えて,次の見事な一般公式が得られます:

$$1+3+5+\cdots+(2n-1) = n^2$$

つまり,「奇数を1から順に加えると,奇数の個数の2乗に等しくなる」のです.

次にこの内の2つの式を並べます.

$$1+3+5+7 = 16 = 4^2$$
$$1+3+5+7+9 = 25 = 5^2$$

ここで最後に加えた奇数 9 を $3^2$ と書き直して,

$$(1+3+5+7)+9 = 4^2+3^2 = 5^2$$

順序を変えると有名な式, $3^2+4^2=5^2$ が出てきます. $25=5^2$ まで奇数を加えたところで同じことをすると,

$$1+3+5+\cdots+21+23 = 144 = 12^2$$
$$1+3+5+\cdots+21+23+25 = 169 = 13^2$$

となって, $12^2+5^2=13^2$ となります. 次は $49=7^2$ で同様に, $24^2+7^2=25^2$ が得られます. 一般的に書けば, $(2n-1)^2=2\{2n(n-1)+1\}-1$ と書き直すと, $1+3+5+\cdots+(2n-1)^2=\{2n(n-1)+1\}^2$ がわかりますから, $\{2n(n-1)\}^2+(2n-1)^2=\{2n(n-1)+1\}^2$ となります: すなわち $(2n-1, 2n(n-1), 2n(n-1)+1)$ がピュタゴラスの3つ組になることがわかったのです.

一般論をこのように書くと, とても難しそうに見えるかもしれません. しかし, $\{2n(n-1)\}+\{2n(n-1)+1\}=4n^2-4n+1=(2n-1)^2$ ですから, 奇数の2乗を1だけ異なる2つの自然数の和に直せば, 初めの奇数とこれら2つの自然数がピュタゴラスの3つ組になるのです. たとえば, $3^2=4+5$ だから, $(3,4,5)$ がピュタゴラスの3つ組になり, $7^2=49=24+25$ より, $(7,24,25)$ がピュタゴラスの3つ組になるのです. これなら簡単ですね. こうしてピュタゴラスの3つ組が無限にたくさんあることが示されました.

古代ギリシア人は「三角数」,「四角数」などの「図形数」とは別のやりかたでも自然数を分類しています. 小石を並べて長方形の形にきれいに並べられるかどうかで「第1の数」,「第2の数」と分けました. たとえば7個と8個の小石を並べてみましょう. 7個の小石は

序章　素数の不思議な世界　11

●●●●●●●

とまっすぐに並べる他ありませんが，8個の小石の方は，

●●●●●●●●

の他に，

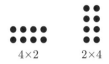

と，様々な長方形に並べることができます．そこで古代ギリシアの人たちは，初めの7のような数を「直線的な数」または「第1の数」と呼び，8のような数を「合成的な数」または「第2の数」と呼びました．現在も使われている呼び方は「第1の数」prime number と「合成的な数」composite number です．素数を prime number と呼ぶ私たちは，小石を並べて数の性質を調べた古代ギリシアの「プセーポイ数学」の影響下にあるのです．

　「プセーポイ数学」とは別の形で初期のギリシア数学の雰囲気を味わうには，プラトン(Platōn；BC427-BC347)の対話篇『メノン』のある1つの場面を思い出すのが良いでしょう．ソクラテス (Sōkratēs；BC469-BC399)がメノンの奴隷に，1辺が2プースの正方形の面積を2倍にするように言うと，奴隷は先ず1辺を2倍の4プースにします．それでは面積は4倍になることを説明すると，今度は1辺を1.5倍の3プースにします．そこでソクラテスは1辺が1プースの小さな正方形がいくつになるかを答えさせます．初めの正方形はちょうど小さな正方形4つ分ですが，1辺を3プー

スにした正方形は，小さな正方形9つ分になります．元の正方形との面積比は4：9で2倍にはなりません．そこで最後に元の正方形の対角線を1辺とする正方形を描いて，面積がちょうど2倍になっていることを納得させる，というストーリーです．

これは古代ギリシアにおける初期の「証明」が，直観に訴えて感覚的に「指し示す(デイクニューミ $\delta\varepsilon\acute{\iota}\kappa\nu\upsilon\mu\iota$)」ことだったことを示しています．その後の証明技術の進展に伴って，「デイクニューミ」というギリシア語に「言葉で説明する」という意味が加わり，さらに「証明する」という意味も加わったのです．古代ギリシア人の気質もあって，この証明技術の進歩はじつに急速でした．紀元前5世紀の中頃に，キオスのヒポクラテス(Hippokratēs of Chios；盛期 BC440 頃．同時代人で「医学の祖」と言われるコスのヒポクラテスとは別人)が，それまでに得られていた数学の命題を整理し，証明をつけて最初の『原論』をまとめました．

彼の150年ほど前に活躍したミレトスのタレース(Thalēs；盛期 BC580 頃)に帰せられている命題の証明は，重ね合わせることで納得させる類の，非常に直観的な「指し示す」ものでした．逆にヒポクラテスの150年ほど後には，第2章で詳述するように，エウクレイデス(Eukleidēs；盛期 BC300 頃)の『原論(ストイケイア)』がまとめられて，水も漏らさぬ厳格な推論によって当時までに知られていた数学が壮大な体系にまとめられるのです．

ヒポクラテスの時代に行われたこの「論証数学」への数学の大転換があって初めて，「厳密科学」としての自然科学が可能になり，科学に裏づけられた「技術」の進歩によって私たちの生活が便利なものになったのでした．

**素数のトリヴィア 2**

 素数ゼミの秘密

　セミの幼虫は地中で数年間を過ごして，数回の脱皮を繰り返したのちに地上に出てきて羽化します．アブラゼミでは6年間の地中生活で4回脱皮をするそうです．そして数週間の地上生活の間に交配して死んでいきます．何年も地中で過ごしてきたのかと思うと，何だか健気に思えてきますね．20億年も前に生まれたセミの仲間は種類を増やしていき，258万年前からの氷河期に，多くの生物が危機におちいる中でも生き延びることができました．危機的な寒さに対応して地中での生活を延ばす種類も現れ，地中生活は3〜18年ほどに多様化します．その中で，アメリカ東部では13年と17年のセミが生き残りました．北部では17年，南部では13年ごとに大発生をするのです．各地でそれぞれに違う年に発生するので，ある年はこことここ，別の年はあそことあそこ，のようになるようです．

　たとえば15年周期のセミがいると，3年周期で大発生する捕食者と5年周期で大発生する捕食者に，出てくるたびにやられて次第に減っていきます．これが17年周期だと，3年周期で発生する捕食者には51年毎，5年周期で発生する捕食者には85年毎にしか会いませんから，それほど減らずにすむのです．地中生活が12〜18年という長さは，寒さ対策としては大した違いはないのですが，捕食者にやられる機会が大幅に減るので，素数周期のセミが生き残ったのでしょう．私たちはセミが氷河期以来「素数」を知っていたかも知れない！と驚きかけましたが，おそらく自然淘汰の冷徹な法則によって素数周期のセミだけが生き残ったものと思われます．

# 第1章 予備知識

> どの合成数も素因子に分解できることは,初歩的なレベルの考察を通じてよく知られている.だが,このような分解をいく通りもの仕方で行うことはできないという事実は,たいていの場合,不当にも暗々裏に仮定されている.(ガウス『整数論』,高瀬正仁訳,朝倉書店)

## §4 約数,倍数

　これから素数の秘密を探る旅に出ます.そこでこれからの旅に必要な記号の説明を兼ねて,約数についての基本的な事項を説明しておきましょう.特に断らない限り,以下で扱う数はすべて**整数**(integer)とし,整数の全体を$\mathbb{Z}$と書きます.$\mathbb{Z}$は,**自然数**(natural number)すなわち正の整数(その全体を$\mathbb{N}$と書きます)と,0と,負の整数に分けられます.

　任意の整数$m$と$n$に対して,ただ1通りに整数$q, r$が決まって,$n=mq+r$(ただし$0\leq r<m$)となることは「**算術の基本定理**(fundamental theorem of arithmetic)」としてよく知られています.これが除法の原理です.ここで$q, r$を,それぞれ$n$を$m$で割ったときの**商**(quotient)および**余り**(remainder)といいます.特に$r=0$となるとき,すなわち$n$が$m$で割り切れるとき,$m$を$n$の**約数**(divisor)と呼んで,この事実を$m|n$と書き表します(これの否定が$m\nmid n$です).同じ事実を逆の立場から見て,$n$は$m$の**倍数**(multiple)であるとも表現します.任意の自然数$a,b,k,m,n$に

対して次の事実は直ちに確かめられます：

$$1 \mid n, \ n \mid n, \ m \mid n \ \Rightarrow \ m \leqq n$$

$$k \mid m, \ m \mid n \ \Rightarrow \ k \mid n$$

$$m \mid n \ \Rightarrow \ km \mid kn$$

$$k \mid m, \ k \mid n \ \Rightarrow \ k \mid (am+bn)$$

**定義** 自然数 $n$ の正の約数全部の和を $\sigma(n)$ と書き表す：

$$\sigma(n) = \sum_{d \mid n} d$$

**例1** $\sigma(6)=1+2+3+6=12$, $\sigma(8)=1+2+4+8=15$, $\sigma(11)=1+11=12$, $\sigma(28)=1+2+4+7+14+28=56$, $\sigma(120)=1+2+3+4+5+6+8+10+12+15+20+24+30+40+60+120=360$.

**例2** $\sigma(72)=1+2+4+8+3\cdot(1+2+4+8)+9\cdot(1+2+4+8)=(1+2+4+8)(1+3+9)=\sigma(8)\sigma(9)$ となります．一般に $m$ と $n$ が互いに素な自然数のとき，$\sigma(m\cdot n)=\sigma(m)\cdot\sigma(n)$ が成り立ちます．これを補題Ⅰとしておきます（証明省略）．なお計算には，素数 $p$ に対して，$\sigma(p^s)=1+p+p^2+\cdots+p^s=(p^{s+1}-1)/(p-1)$ とこの補題を組み合わせるのが便利です．

**補題Ⅰ** $(m,n)=1$ のとき，$\sigma(m\cdot n)=\sigma(m)\cdot\sigma(n)$.
ただし，$(m,n)$ は $m, n$ の最大公約数を示す．

一般に，自然数に対して定義された関数（これを「数論的関数」という）$f(n)$ が，$f(1)=1, \ f(n\cdot m)=f(m)f(n)$ を満たすとき，こ

れを「**乗法的関数**(multiplicative function)」といいます．$\sigma(1)=1$ は明らかですから，補題 I より約数和関数 $\sigma(n)$ は乗法的関数です．

**問 1** $\sigma(504)$ を計算せよ．


## §5 最大公約数，最小公倍数

2つの自然数 $m, n$ の共通の約数を**公約数**(common divisor)といいます．1 は常に任意の自然数 $m, n$ の公約数になります．したがってどんな $m, n$ に対しても公約数は必ず存在しますが，その個数は有限個です．そこで公約数のうちで最大になるものを**最大公約数**(greatest common divisor; GCD)ということにします．これを普通 $(m, n)$ と書きます．与えられた 2 数の最大公約数を求めるには次のようにします：

(1) $m=n$ ならば $(m,n)=m$．そうでなければ $m<n$ と仮定してよい．
(2) $n$ を $m$ で割った余りを $r$ とするとき $(m,n)=(m,r)$ である．
(3) $r=0$ ならば $(m,n)=m$ と求まる．
 $r\neq 0$ のとき $0<r<m$ だから $m$ の代わりに $m$ を $r$ で割った余り $r'$ をとると $(m,r)=(r,r')$ となる．
(4) こうして交互に割り算を続けて余りが 0 になったときの除数が GCD になる．

このように大きい数を小さい数で割った余り(当然小さい数よりも更に小さい)と小さい数との最大公約数を求めるという操作を何度か繰り返して実に効率良く GCD を求めることができるのです．

これを **Euclid の互除法**(Euclidean algorithm)といいます.「ユークリッド」は古代ギリシアの数学者エウクレイデスの英語名です.

**例 3** $(12, 322) = (12, 10) = (10, 2) = 2$, $(13, 21) = (13, 8) = (8, 5)$ $= (5, 3) = (3, 2) = (2, 1) = 1$, $(123, 54321) = (123, 78) = (78, 45) =$ $(45, 33) = (33, 12) = (12, 9) = (9, 3) = 3$.

この最後の計算を普通次のように書き表します:

```
    123) 54321 (441
         54243
        78) 123 (1
             78
           45) 78 (1
                45
              33) 45 (1
                   33
                 12) 33 (2
                      24
                     9) 12 (1
                         9
                        3) 9 (3
                            9
                            0
```

2つの自然数 $m$, $n$ が与えられたとき,これらに共通の倍数を**公倍数**(common multiple)といいます.たとえば積 $mn$ はいつでも $m$ と $n$ の公倍数になります.そこで公倍数のうちで最小のものが必ず存在します.これを**最小公倍数**(least common multiple; LCM)といって,簡単に $\{m, n\}$ と書きます.

**例 4** $\{18, 48\} = \{2 \times 3^2,\ 2^4 \times 3\} = 2^4 \times 3^2 = 144$,

$\{175, 715\} = \{5^2 \times 7,\ 5 \times 11 \times 13\} = 5^2 \times 7 \times 11 \times 13 = 25025$.

**問 2**　$G=(1234, 4321)$, $L=\{1234, 4321\}$ と $G'=(975, 1170)$, $L'=\{975, 1170\}$ を求めよ.

**問 3**　任意の自然数 $m, n$ に対して, $(m,n)\{m,n\}=mn$ を示せ.


## §6　素数, 合成数, 標準分解

**素数**(prime number)とは, 1より大きな整数であって, 1と自分自身以外の約数を持たない数のことです. 1でも素数でもない自然数を**合成数**(composite number)といいます. したがって自然数の全体が次のように分類されます.

| 自然数 natural number | 1 (one) | unity |
|---|---|---|
| | 素　数 | prime number |
| | 合成数 | composite number |

1以外の自然数がいくつかの素数の積で書き表すことができる(ただし素数自身は素数1個の"積"と考えます)ということはすぐにわかりますが, 自然数を素数の積に表す仕方が本質的にただ1通りであるということは, 次の定理によって保証されるのです:

**(算術の基本定理)**　1より大きな整数は素数の積に分解される. その分解の仕方は, 現れる素数の順序を除いて, ただ1通りである.

章の初めに引用したガウスの言葉は, 定理の後半である「(1より大きな整数を素数の積に分解する)分解の仕方は, 現れる素数の順序を除いて, ただ1通りである」という部分が,「たいていの場合, 不当にも暗々裏に仮定されている」ことへの不満であり, その重要性に鑑み, 私が初めてきちんと証明するという決意表明だった

のです．

　この定理の証明で使われるキーポイントは，エウクレイデスの『原論』にある命題で，「すべての数は素数であるかまたは何らかの素数に割り切れる」(Ⅶ 32)と書かれています．ここではこの定理は認めて話を進めることにします．

　さて与えられた自然数 $n$ を素数の積に分解するとき(これを $n$ の**素因数分解** factorization in prime factors といいます)，現れる素数を小さい順に並べ，同じ素数は一まとめにしてベキ乗で書いて，

$$n = p_1^{e_1} \cdot p_2^{e_2} \cdots p_k^{e_k} \quad (p_1 < p_2 < \cdots < p_k,\ e_i > 0)$$

の形に表すとき，これを $n$ の**標準分解**(canonical decomposition)といいます．

**例5**　17 は素数．113 も 127 も素数．82589933 も素数で，かつ何と $2^{82589933}-1$ (24862048 桁)も素数．

$$120 = 2^3 \cdot 3 \cdot 5$$
$$1023 = 3 \cdot 11 \cdot 31$$
$$30240 = 2^5 \cdot 3^3 \cdot 5 \cdot 7$$
$$123456 = 2^6 \cdot 3 \cdot 643$$

は合成数で，これらはすべて標準分解です．

　なお，与えられた(比較的小さな)範囲の素数をすべて求める最良の方法に，ギリシア時代から知られていた Eratosthenēs の篩と呼ばれるものがあります．

**すばらしいアイディア 1**

## エラトステネスの篩（ふるい）

　これは比較的小さな範囲に含まれる素数をすべて求めるために考え出された方法で，具体的には次のように行います．

　たとえば $N=100$ として，$N$ 以下の素数をすべて見つけたいとします．そのとき，まず 1 から 100 までの数を書き並べます．1 は素数ではないので除きます．残された数のうちで最小の数 2 は素数ですから残して，それ以外の 2 の倍数を消します．残った数のうちで最小の 3 は素数なので（これは，それより小さい素数で割り切れないから当然ですね．以下同様）残し，それ以外の 3 の倍数を消します．4 は既に消されているので，残された数のうちの最小数は 5 です．5 は素数なので，それ以外の 5 の倍数を消します．6 は既に（二重に）消されているので，残された数のうちの最小数は 7 です．7 は素数だから残し，それ以外の 7 の倍数を消します．これで残った数が，「$N$ 以下のすべての素数」になります．なぜなら，$n \leq N$ なる $n$ が，$n=ab\,(1<a\leq b<n)$ と分解されたとすると，$a^2 \leq ab = n \leq N$ より，$1 < a \leq \sqrt{N}$ となるからです．今の例では $\sqrt{N}=10$ ですから，100 以下の合成数は 10 以下の素因数を持つはずなのです．10 以下の素数 2, 3, 5, 7 で割り切れる数はすべて消してありますから，残された数はすべて素数になります．

```
 1̶   2   3   4̶   5   6̶   7   8̶   9̶  1̶0̶
11  1̶2̶  13  1̶4̶  1̶5̶  1̶6̶  17  1̶8̶  19  2̶0̶
2̶1̶  2̶2̶  23  2̶4̶  2̶5̶  2̶6̶  2̶7̶  2̶8̶  29  3̶0̶
31  3̶2̶  3̶3̶  3̶4̶  3̶5̶  3̶6̶  37  3̶8̶  3̶9̶  4̶0̶
41  4̶2̶  43  4̶4̶  4̶5̶  4̶6̶  47  4̶8̶  4̶9̶  5̶0̶
5̶1̶  5̶2̶  53  5̶4̶  5̶5̶  5̶6̶  5̶7̶  5̶8̶  59  6̶0̶
61  6̶2̶  6̶3̶  6̶4̶  6̶5̶  6̶6̶  67  6̶8̶  6̶9̶  7̶0̶
71  7̶2̶  73  7̶4̶  7̶5̶  7̶6̶  7̶7̶  7̶8̶  79  8̶0̶
8̶1̶  8̶2̶  83  8̶4̶  8̶5̶  8̶6̶  8̶7̶  8̶8̶  89  9̶0̶
9̶1̶  9̶2̶  9̶3̶  9̶4̶  9̶5̶  9̶6̶  97  9̶8̶  9̶9̶ 1̶0̶0̶
```

　こうして $\sqrt{N}$ までの素数のいずれでも割り切れない数が，$N$ 以下の素数として残ります．たとえば 10000 までの素数は，100 までの 25 個の素数で割り切れなければ素数であり，1000000 まで

の素数は，1000 以下の 168 個の素数で割り切れなければ素数であることが確かめられるのです．篩法は思ったよりも効率の良い方法なのです．

このやり方では，ちょうど 2 の倍数，3 の倍数，… が次々に篩(ふるい)い落されて，素数だけが残るので「篩」という言葉を使ったのでした．初めてこの原理を考えた人にちなんで，これを「エラトステネスの篩(sieve of Eratosthenēs)」と呼びます．

エラトステネス(Eratosthenēs of Cyrene；BC c.276–BC c.194)は紀元前 3 世紀にアレクサンドリアで図書館長を務めた人で，アルキメデス(Archimēdēs；BC c.287–BC212)と同時代の数学者です．初めて地球の周の長さを計算した気宇壮大かつ博識の人でしたが，不幸なことに(？)時代を大きく超えた天才アルキメデスと同時代人なので，どの分野でも 2 番目に甘んじ，ついたあだ名が「ベータ($\beta$)」でした．これは古代ギリシアで数を表す方法が，$1=\alpha, 2=\beta, 3=\gamma, \cdots$ だったことによります．

---

**素数のトリヴィア 3**

 効率の良い素因数分解

連続する 2 つの数，714 と 715 を素因数分解すると，

$$714 = 2 \cdot 3 \cdot 7 \cdot 17, \quad 715 = 5 \cdot 11 \cdot 13$$

となっていて，効率良く最初の 7 個の素数が因数に現れます．この 2 つの数は，ハンク・アーロンが 715 本目の本塁打を打って(1974.4.8：通算では 755 本)ベーブ・ルースの通算本塁打記録 714 本を抜いたという伝説的な数です．これを記念して，1995 年にエモリー大学はハンクに名誉学位を授与しましたが，この同じときに名誉学位を授与されたポール・エルデーシュと共に，壇上で 1 つのボールにサインをしました．このため，ハンクは「エルデーシュ数 1」を持っています！ この「エルデーシュ数」とは，世界中を飛び回って多くの数学者たちとたくさんの共著論文を書いたエルデーシュ(Paul Erdös；1913-96)に因んで作られた数で，エルデーシュと共著の論文を書いた人が「エルデーシュ数 1」となり，

「エルデーシュ数 1」の人と共著の論文を書いた人が「エルデーシュ数 2」になる，…，という具合に決まります．

標記の 2 数の素因数の和はまた，

$$2+3+7+17 = 5+11+13 = 29$$

という関係も持っています．このような性質を持つ連続する 2 数を「ルース・アーロン・ペア」といいます．この他に (5, 6): 5=2+3, (77, 78): 7+11=2+3+13=18 などがあります．素因数分解に素数ベキが出てくる場合には，素数ベキを重複して数えると，(8, 9): 2+2+2=3+3=6, (15, 16): 3+5=2+2+2+2=8, (125, 126): 5+5+5=2+3+3+7=15 などもそうなり，素数ベキを重複して数えずに，たとえば $8=2^3$ で素因数 2 だけを数えることにすると，(24, 25): 2+3=5, (49, 50): 7=2+5, (104, 105): 2+13=3+5+7=15 などもそうなります．素数ベキが出てくる場合は，この 2 つの流儀が混在しています．

## §7 合同式

自然数 $a, b$ 及び $m$ が与えられたとき，$m|(a-b)$ が成り立つならば，$a$ は $m$ を**法**(modulus)として $b$ に**合同**(congruent)であるといって，$a \equiv b \pmod{m}$ と書き表します．これこそ青年ガウスによって導入され，数論を科学に高めたと評された記号です．

次のことはすぐに確かめられます．

$a \equiv a \pmod{m}$

$a \equiv b \pmod{m} \;\Rightarrow\; b \equiv a \pmod{m}$

$a \equiv b \pmod{m}, \; b \equiv c \pmod{m} \;\Rightarrow\; a \equiv c \pmod{m}$

この 3 つの条件が成り立つ関係を一般に**同値関係**(equivalence

relation）と呼びます．すなわち，

（反射律）　$a \sim a \pmod{m}$

（対称律）　$a \sim b \pmod{m} \;\Rightarrow\; b \sim a \pmod{m}$

（推移律）　$a \sim b \pmod{m},\; b \sim c \pmod{m} \;\Rightarrow\; a \sim c \pmod{m}$

を満たす関係〜のことです．最も簡単な例で，学校でクラス分けをするときのことを考えてみます．同じクラスに入ることを関係〜で表すことにします．どの人$(a)$も1つのクラスにいて，他のクラスには入りません．$a$が$b$と同クラスなら，$b$も$a$と同クラスです．$a$が$b$と同クラスで，$b$が$c$と同クラスなら$a$は$c$と同クラスです．同値関係とは，クラス分け（類別；classification）のエッセンスを表しているのです．

　$m$を法として合同という関係 $\equiv \pmod{m}$ は同値関係になります．日常生活においてよく使われる例で言えば，日付を7を法として合同で分けたのが「曜日」という概念なのです．どの月でも，7で割った余りが同じになる日（例えば，1日，8日，15日，22日，29日）は同じ曜日になりますね．

　**例6**　うるう年ではない平年の2月と3月は，日数は違いますが，同じ日が同じ曜日になることはよく知られています．ところで，大の月は31（=4×7+3）日ですから，次の月には曜日が3日だけ後ろにズレます．小の月は30日なので，次の月になると曜日が2日分後ろにズレます．したがって，小・大・小と3か月過ぎると2+3+2=7日だけ後ろにずれるのです．ということは3か月後の曜日が完全に同じになります．現在の暦でこのような月を探すと，4月と7月，および9月と12月は毎年同じ曜日になります．またうるう年の2月が入ると，

大・大プラスうるう2月で3+3+1=7となり，1月と4月，および12月と翌年の3月が同じ曜日になります．

この合同の記号が便利なのは，次のような式が成り立って，等号とほとんど同じような感覚で取り扱うことができるからです：

$$a \equiv b,\ c \equiv d\ \Rightarrow\ a+c \equiv b+d$$
$$a \equiv b,\ c \equiv d\ \Rightarrow\ ac \equiv bd$$
$$ka \equiv mb,\ (k,m)=1\ \Rightarrow\ a \equiv b$$

ここで合同式はすべて $(\mathrm{mod}\ m)$ で考えて，$(\mathrm{mod}\ m)$ を省略しました．

**例7** $10 \equiv 1\,(\mathrm{mod}\ 3)$ ですから，$10 \times 10 = 10^2 \equiv 1\,(\mathrm{mod}\ 3)$, $10 \times 10 \times 10 = 10^3 \equiv 1\,(\mathrm{mod}\ 3)$, $\cdots$, 一般に，$10^n \equiv 1\,(\mathrm{mod}\ 3)$. この $(\mathrm{mod}\ 3)$ をすべて $(\mathrm{mod}\ 9)$ に代えても成り立ちます．また，$3 \equiv 25\,(\mathrm{mod}\ 11)$, $123 \equiv -7\,(\mathrm{mod}\ 13)$.

**例8** この合同式を用いると，10進法で $[abc]$ と書ける数，すなわち $100a+10b+c$ について，次の合同式が成り立ちます：$100a+10b+c \equiv a+b+c\,(\mathrm{mod}\ 9)$. この原理を使って，四則演算の結果を検証するのが「**九去法**」です．たとえば，$A \times B$ を計算するとします．$A \equiv a\,(\mathrm{mod}\ 9)$, $B \equiv b\,(\mathrm{mod}\ 9)$ ならば，$AB \equiv ab\,(\mathrm{mod}\ 9)$ になるので，9で割った余り同士を掛けて，$AB$ の余りと一致することを確かめるのですが，9で割った余りを計算するときに，それらの数そのものではなく，それらの数の各桁の数の和を9で割った余りを使います．計算が間違っていると，9割の確率で間違いがわかります．たとえば，

634×3776=2393984 は計算が大変ですが，634≡6+3+4=13≡4 (mod 9), 3776≡3+7+7+6=23≡5 (mod 9) なので，2393984≡4×5=20≡2 (mod 9) です．2+3+9+3+9+8+4=38≡2 (mod 9) はすぐ確かめられるので，100% ではないまでもかなり安心できます．

**例 9** 記号に慣れるために，平方数を 4 で割った余りは 0 か 1 であることを証明してみましょう．任意の整数 $n$ は，偶数なら $2k$，奇数なら $2k+1$ ($k \in \mathbb{Z}$) の形に書けます．したがって，$n=2k$ のときは $n^2=4k^2 \equiv 0 \pmod{4}$ となり，$n=2k+1$ のときは $n^2=4k^2+4k+1 \equiv 1 \pmod{4}$ となります．これで証明完了です．

ほんのちょっとだけ考察を進めると，例 9 の後者の合同式において $4k^2+4k+1=4k(k+1)+1$ と変形してみれば，$k$ と $k+1$ は隣りあう整数なので，どちらか一方は必ず偶数になり，積 $k(k+1)$ は偶数になって，奇数の平方は 8 を法として 1 と合同になることがわかります．すなわち任意の平方数は，8 を法として 0 か 1 か 4 に合同になるのです．

**問 4** 4 桁の数 $[abcd]$ を 9 で割った余りは，$a+b+c+d$ を 9 で割った余りと一致することを示せ(この表記法は例 8 参照)．

**問 5** 任意の平方数は 3 を法として，0 か 1 に合同であることを証明せよ．

**問 6** 任意の平方数は 16 を法として，0 か 1 か 4 か 9 に合同であることを示せ．

# 第2章　人間理性の金字塔
## 　　　　エウクレイデス

> ギリシア人以来，数学を語るものは証明を語る（Depuis les Grecs, qui dit mathématique, dit démonstration）．証明という言葉が，ギリシア人から受け取り，そしてここでも与えようとしている正確で厳密な意味で使われるのは，数学以外にはないだろうと疑う者もいる．証明の意味は昔から変わっていないと言えよう．だからユークリッドの証明は私たちの眼にも証明なのである．（ブルバキ『数学原論 集合論』第1巻序文）

## §8　エウクレイデスの『原論』

　さて，素数とは，1より大きな整数で，1と自分自身以外の約数を持たないものでした．たったこれだけの定義から素数について一体どんなことがわかるのでしょう？　こんなにあっさりとした定義から豊かな内容が展開できるのかという疑問を持つのはごく自然なことですが，「素数論」こそ実際には全数学の中でも最も内容豊かで楽しくてスリリングな分野なのです！　フェルマー，オイラー，ガウスなどの史上最大級の数学者たちが全精力を注いで素数の秘密を順次解き明かしてくれたおかげで，驚くほど豊かな分野ができ上がったのですが，今なおわからないことも沢山あります．

　これらの未解決だった問題のうちで，理論の進展とコンピューターの発達によって解けた問題がある一方で新たな謎も生まれたりしていて，まさに素数の理論は生きています．あたかも悠久の時を流れる大河のようにゆったりとしかし力強く歩み続けているの

## 2 人間理性の金字塔エウクレイデス

です．この章ではまずギリシア時代のエウクレイデス（Eukleidēs＝Εὐκλείδης：BC300頃活躍，伝記不詳，英語読みがユークリッドEuclid）の成果を解説しましょう．

　エウクレイデスはそれ以前の数学者たちの得た諸定理を集大成し，それまでの証明を大幅に改善したり新たに付け加えたりして，全13巻から成る『原論』（Στοιχεῖα；Elements）をまとめました（**図1**）．そのうちの第7巻から第9巻までが整数の様々な性質を調べるいわゆる数論を扱っています．第7巻の冒頭にいきなり最大公約数の求め方としてユークリッドの互除法（第1章参照）が出てきて驚かされます．これは今もって，具体的な2つの数の最大公約数を求めるための最良の方法なのです．それからしばらくは「$a:b=c:d \Rightarrow a:c=b:d$」，「$a:b=ac:bc$」といった比例論の議論が続きます．考えてみれば，当時はまだ任意の数を表す記号など存在しなかったので，複雑な式や概念を扱うためには比例式の形をとる必要があったのです．

　『原論』はやがて「互いに素」という概念の説明と定理の証明に移り，ついに「素数$p$に対して，$p|cd \Rightarrow p|c$ または $p|d$ である」という定理が証明されます（Ⅶ 30）．これこそ「算術の基本定理」の証明におけるキーポイントなのです．エウクレイデスが「基本定理」の証明を『原論』に書かなかったのは，当時の記号ではうまく記述できなかったからかも知れません．これ以外の数論の部分を読んでも感心するのは，当時の非常に不便な書

**図1**　『原論』14世紀の写本より（MAA, Math. Digital Library）

き方で，よくもここまで正確に記述し，あいまいさのない証明を工夫しているかということです．そして第9巻になると，「エウクレイデスの素数定理」(IX 20)と完全数についての基本定理(IX 36)が証明されます．このあたりの記述は圧巻と言うほかありません．節を改めて説明することにします．

## §9 エウクレイデスの素数定理

さて，素数の個数が無数にあることを主張するのが「エウクレイデスの素数定理」です．ただし，「無限」の恐さを十分に知っていたギリシア人ですから，「無限に存在する」などとは言わずに，有限の範囲内でそれを処理しています．『原論』には，次のように書かれています：

**定理1** （エウクレイデスの素数定理(IX 20)）
素数の個数はいかなる定められた素数の個数よりも多い．

この定理のエウクレイデスによる証明はじつに見事で，私は常々「人間理性の金字塔」と呼んでいます．これこそアイディアの饗宴の最右翼に位置するものだと思います．これを「すばらしいアイディア」として詳しく紹介します．

---
**すばらしいアイディア 2**

### エウクレイデスの素数定理の証明

定理を読めばわかる通り，「有限個の素数をどのように選んでも，その中に含まれない素数が必ず存在する」ことを示すことで結果的に「素数が無数にある」ことを主張するのです．「無限」をうまく避けた，この定理の表現そのものが，最初の「なるほど！納得ポ

イント!!」,すばらしい点です.それにもまして,その証明がまた何ともすばらしいのです.多くの本で紹介されている現代的にアレンジされた証明ではなく,エウクレイデスによる原証明をほとんどそのまま生かして,最小限の記号を使って紹介したいと思います.現代的証明では味わえない気高さと深い感動を味わってください.
『原論』では定理(命題)を書いた直後に,証明に必要な数に名前をつけて命題を繰り返す「特述」において,次のように書きます:

> 定められた個数の素数を A, B, Γ とせよ.A, B, Γ より多い個数の素数があると主張する.

ここでたった3個の素数しか書いていませんが,ここの表現から見ても,「3」には意味はなく,単なる例示に過ぎません.「任意の有限個の素数」を仮に「A, B, Γ」と書き,それ以外の素数が存在することを示そうとしていることは明らかです.これは記号が不便な時代によく使われた「準一般的」な方法です.これが,第2の「なるほど! 納得ポイント!!」です.そして「証明」に取りかかります.その脇に,数の大きさを線の長さで表す簡単な図を書いています.

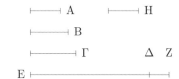

(Heiberg-Menge による『エウクレイデス全集』版では,ミスプリントによって Δ と E が逆になっているので,修正した.)

[証明] A, B, Γ に割り切られる最小数[すなわち現在の言葉で「A, B, Γ の最小公倍数」]を EΔ とし,EΔ に単位 ΔZ(すなわち1)を加えて EZ=EΔ+ΔZ を作ります.A, B, Γ は異なる素数ですから,その最小公倍数は単なる積 ABΓ になります.そこで,今作った数は現在の記号で N=ABΓ+1 と書けます.この N が何とも絶妙な第3の「なるほど! 納得ポイント!!」なのです.

N が素数だとすると,その形から明らかに A, B, Γ のいずれとも異なる素数になります.したがってこの場合には定理は証明されました.

N が素数ではないとすると,第7巻にある命題31:

> （VII 31） すべての合成数は何らかの素数に割り切れる．
>
> によって，N は何らかの素数 H によって割り切れます．ところが N を A, B, Γ のいずれで割っても 1 が余り，決して割り切れません．そこでこの場合にも A, B, Γ のいずれとも異なる素数 H が見つかりました．『原論』は次のように書いて証明を終えます：
>
> したがって定められた個数の A, B, Γ より多い個数の素数 A, B, Γ, H が見いだされた．これが証明すべきことであった．
>
> 『原論』で証明の終わりに書かれる決まり文句「これが証明すべきことであった」はギリシア語では「ホペル・エデイ・デイクサイ（ὅπερ ἔδει δεῖξαι）」，そのラテン語訳が「クォード・エラト・デモンストランドゥム（Quod Erat Demonstrandum）」です．証明の終わりを現在でも QED と書くのは，じつに 2300 年も前のエウクレイデス以来の伝統だったのです．

ここで，この定理から得られる簡単な系を紹介します．

**系 1** $n$ 番目の素数を $p_n$ と書くと，$p_n < 2^{2^n}$．

［証明］ 数学的帰納法によって証明する．$p_1 = 2 < 2^2$ だから $n=1$ に対しては成り立つ．$n$ 以下の自然数に対して系が成り立つとすると定理 1 の証明より，

$$p_{n+1} \leqq p_1 \cdot p_2 \cdots p_n + 1 < 2^{2^1} \cdot 2^{2^2} \cdots 2^{2^n} + 1 < 2^{2^{n+1}}$$

となり $n+1$ のときにも成り立つ． ∎

次に，エウクレイデスの証明をほんのちょっと変形して得られる定理を紹介しましょう．奇数の素数 $p$ は，$p \equiv 1 \pmod{4}$ または $p \equiv 3 \pmod{4}$ になりますが，その両方のタイプの素数が共に無限にあることを保証する定理です．まず後者のタイプから証明します．

## 2 人間理性の金字塔エウクレイデス

**定理 2** $p \equiv 3 \pmod 4$ であるような素数 $p$ は無数に存在する.

［証明］ まず，$n=4k+1$ の形の数の積はまたこの形になることを確かめる．$n \equiv 1 \pmod 4$, $n' \equiv 1 \pmod 4 \Rightarrow nn' \equiv 1 \pmod 4$ だからよい．これより $4k-1$ の形の数は，$p \equiv 3 \pmod 4$ なる素因数 $p$ を少なくとも1つ約数として持つことがわかる．

以上のことを頭において定理の証明に移ろう．いま $p \equiv 3 \pmod 4$ なる素数が有限個しかないと仮定してそれらのすべてを 3, 7, 11, 19, $\cdots$, $q$ とする．$N=4(3 \cdot 7 \cdot 11 \cdots q)-1$ とおくと $N \equiv 3 \pmod 4$ だから，$N$ は $p \equiv 3 \pmod 4$ なる素因数 $p$ を約数として持つ．しかし $N$ は 3, 7, 11, $\cdots$, $q$ のいずれで割っても割り切れないから $p$ はこれらのいずれとも異なる素数である．これは明らかに仮定に反するから定理は証明された． ∎

次章の定理をちょっと前借りすると，次の定理が証明されます．

**定理 3** $p \equiv 1 \pmod 4$ なる素数 $p$ も無限に多くある.

［証明］ $p \equiv 1 \pmod 4$ となる素数 $p$ が有限個しか存在しないと仮定する．それらのすべてを 5, 13, 17, $\cdots$, $q$ として，それらの積に 2 を掛けて，$M=2 \cdot 5 \cdot 13 \cdots q$ と書き，$N=M^2+1$ とおく．$N$ は奇数だから $N$ の任意の素因数 $p$ も奇数で，$N$ の形から $(p, M)=1$ である．この $p$ が，$p=4n+3$ と書けると仮定して矛盾を導く．$p-1=2(2n+1)$ だから，

$$M^{p-1}+1 = (M^2)^{2n+1}+1$$
$$= (M^2+1)[M^{2 \cdot 2n}-M^{2(2n-1)} \pm \cdots -M^2+1]$$

となり，これは $N=M^2+1$ で，したがって $p$ で割り切れる．すな

わち，$M^{p-1} \equiv -1 \pmod{p}$ が成り立つ．一方，フェルマーの小定理（第3章定理6）より，$(p, M)=1$ だから $M^{p-1} \equiv 1 \pmod{p}$ も成り立つ．この2つの合同式の辺々を引くことにより，$2 \equiv 0 \pmod{p}$ となるが，これは不合理である．こうして，$p \equiv 1 \pmod{4}$ であることが証明された．この $p$ は，$5, \cdots, q$ のいずれとも異なるから最初の仮定は誤りである． ∎

**問7** $p \equiv 5 \pmod{6}$ なる素数が無限に多く存在することを証明せよ．

このようにエウクレイデスの素数定理は割合簡単に拡張できます．この方向における決定的な結果は19世紀に得られました．1837年にディリクレ（Peter Gustav Dirichlet；1805-59）は次の定理を示しました：

**（ディリクレの素数定理）** $(a, b)=1$ ならば，$p=an+b$（$n$ は自然数）の形の素数 $p$ は無数に存在する．すなわち，$p \equiv b \pmod{a}$ となる素数 $p$ は無限個ある．

証明は省略します．これはディリクレの算術級数定理ともいいます．

なお，エウクレイデスの証明から2000年以上もたってから，スイス出身の数学者オイラー（Leonhard Euler；1707-83）は全く異なる証明を考え出しました．これは素数論の新しいステージの開始を告げる画期的な一歩でしたので，改めて第4章で説明することにします．また，オイラーを数論の世界に引きずり込んだゴルトバッハ（Christian Goldbach；1690-1764）は，オイラーの証明よりも少し早い時期に，エウクレイデスの証明以来初めてとなる新しい証明を発見して，オイラーへの書簡で報せました．これはフェルマー数

についての定理から得られる別証明です．ゴルトバッハの証明は第3章で説明することにします．これらは18世紀に見つかった歴史的にエウクレイデスの素数定理の第2，第3の新証明です．

ここでは，19世紀に見つかったすばらしい証明を1つ紹介した後で，最近見つかったいくつかの新しい証明を，**すばらしいアイディア③**として紹介します．

---

**すばらしいアイディア 3**

エウクレイデスの素数定理の最近得られた新証明たち

最近の新証明の前に，19世紀に見つかった証明を紹介します．何ともシンプルにしてエレガントで，捨てがたい味があるからです．

### スティルチェスの証明

素数の個数が有限個だとして矛盾を導く．すべての素数の積を $P$ とし，$P=mn$ と自然数の積に分ける．任意の素数 $p$ は $m$ か $n$ のいずれか一方だけを割り切る．したがって，$S=m+n$ はいかなる素因数も含むことができず，$S=1$ とならざるを得ないが，これは明らかに矛盾である．ゆえに素数の個数は有限ではあり得ない．

(Thomas Jan Stieltjes；1856–94, "Sur la Théorie des Nombres", 『数論』の教科書の第1章(全集 p. 280)；1890)

続いて最近の傑作を紹介します．

### メシュトロヴィッチの証明

この定理のエウクレイデス以来の2千数百年にわたる様々な証明を，何と125も集めて詳しく分析した人がいます．モンテネグロのメシュトロヴィッチ(Romeo Meštrović；1960–)という人です．その中には自分の証明もありますが，これをまとめた後，つい最近になって全く新しい証明を発表しました．うれしくなってしまうようなすばらしい証明を紹介します．

[証明] 素数の個数が有限個だと仮定して，すべての素数を $p_1=$

$2<p_2=3<p_3<\cdots<p_k$ とする.2以外のすべての素数(したがって奇素数のすべて)の積を $P=3\cdot p_3 p_4\cdots p_k$ と書く.すると仮定から,$B=\{1,2,2^2,2^3,\cdots,2^n,\cdots\}$ の各元は $P$ と互いに素になる.特に 2 は $P$ と互いに素なので,$P-2$ も $P$ の各因数と互いに素な奇数である.$P-2$ はすべての奇素数と互いに素だから $P-2$ は $B$ の元であり,しかも奇数なので,$P-2=1$,すなわち $P=3$ となる.これは明らかに矛盾である. ∎

(Romeo Meštrović, "A very short proof of the Infinitude of primes", American Mathematical Monthly, Vol. 124, No. 6, p. 562; 2017)

### ノースシールドの証明

**定義** 自然数 $\mathbb{N}$ から実数 $\mathbb{R}$ への関数 $f\colon \mathbb{N}\to\mathbb{R}$ を「(実)**数列**(sequence)」という.数列 $f(n)$ が**周期的**(periodic)であるとは,任意の自然数 $n$ に対して $f(n+P)\equiv f(n)$ が成り立つことであり,このとき $P$ を**周期**(period)という.周期の整数倍は明らかにまた周期になる.

**補題** 2つの周期的数列の和は周期的である.

［証明］ $f$ と $g$ が周期 $P, Q$($P, Q$ は整数)の周期的数列とすると,$f(n)\equiv f(n+P)\equiv f(n+2P)\equiv\cdots\equiv f(n+PQ)$, $g(n)\equiv g(n+Q)\equiv g(n+2Q)\equiv\cdots\equiv g(n+PQ)$.よって,$f(n+PQ)\equiv f(n)$, $g(n+PQ)\equiv g(n)$ なので,$f(n+PQ)+g(n+PQ)\equiv f(n)+g(n)$.よって $(f+g)(n+PQ)\equiv(f+g)(n)$ となって,$f+g$ は $PQ$ を周期に持つ($P=Q$ ならば積をとるまでもなく,$P$ のままで $(f+g)(n+P)\equiv(f+g)(n)$ が成り立つ).この和は有限個ならば同様に成り立つ. ∎

［エウクレイデスの素数定理の証明］ 素数の個数が有限個だと仮定する.関数 $f_p(n)$ を,$n$ が $p$ の倍数のとき 1,そうでないとき 0 と定義する.

これはもちろん周期 $p$ の周期的数列である.また全部の素数にわたる和(仮定から有限和になる)を $F(n)=\sum_{p:素数} f_p(n)$ とすると,これも周期的数列になる.ところで,$F(n)=0\iff n=1$ だから,$F(n)=0$ は繰り返すことがない.これは $F(n)$ が周期的であることに矛盾する. ∎

この証明は,フルステンベルグ(Hillel Furstenberg;1935-)の

有名な「トポロジカルな証明」(1955年)を「開集合」などの用語を一切使わない数列の問題に書き換えたものです．周期関数を使う証明に気づいたときに別の証明も思いついたようで，次の証明も発表しました．これも単純ですばらしい証明です．

［証明］ $F(n)$ を自然数 $n$ の素因数の個数とする．たとえば，$F(1)=0$, $F(2)=1$, $F(15)=2$, $F(60)=3$ などとなる．素数の個数が有限個だと仮定し，すべての素数の積を $P$ とすると，$F(n)$ は周期 $P$ の周期的数列になる．ところが，$f(n)=0 \Longleftrightarrow n=1$ だから，これは矛盾である． ∎

(Sam Northshield, "Two short proofs of the infinitude of primes", The College Mathematical Magazin, Vol. 48, No. 3, pp. 214–216; 2017)

**サイダックの証明**

拙著『数学の花束』(岩波書店，2008)で紹介した証明もここに載せておきましょう．

［証明］ 1より大きい任意の自然数 $m$ をとり，自然数の数列 $\{N_k\}$ を，$N_1=m$, $N_{k+1}=N_k(N_k+1)$ によって定義する．連続した自然数 $n$ と $n+1$ は互いに素であるから，$N_{k+1}$ は少なくとも1つの $N_k$ の素因数とは異なる素因数を持つ．したがってこの数列は番号 $k$ が進むごとに新しい素因数を持つことになるから，素数は無限に存在する． ∎

改めて見直しても，やはりすばらしい証明ですね！！ 間違いなく，これは「神様の本」にある証明です．(Filip Saidak, "A New proof of Euclid's Theorem", The American Mathematical Monthly, Vol. 113, No. 10, pp. 937–938; 2006)

## §10 完全数の基本定理

次に完全数の話に移ります．かつて「数」が神秘的な力を持つものとして，とても重要視された時代がありました．この伝統は根強

いもので,現代でもたとえば運勢占いや星占いのような形で,数の神秘性信仰は生き続けています.現在は数の神秘を深刻に考えるわけではなく,遊び半分の気持ちが強いのですが,昔は「数」ともっと真剣に向かいあっていたと言えるでしょう.

さて,その当時最も神聖視されていたのが「完全数」でした.古代ギリシアの半ば伝説的なピュタゴラス学派では,1+2+3+4=10 が「完全な数」と考えられていました.1 を 1 点と見れば,これは 1 つの場所を指定します.2 点を取って結べば 1 つの直線が決まります.3 点で 1 つの平面が決まり,それにもう 1 点を付け加えると空間を表すことができます.このように空間を決める数である 1, 2, 3, 4 を加えると,10=1+2+3+4 になるので,これを

のように書いて「テトラクテュス」と呼び,「完全な数」としたのです.ピュタゴラス学派の人たちは「テトラクテュス」にかけて誓ったと,古い文献は伝えています.

このような「テトラクテュス」の伝統とは異なるもう 1 つの「完全数」が古代ギリシアで考えられました.それがエウクレイデスの『原論』第 9 巻に現れる「完全数」です.これは次のように定義されています.

**定義** 自然数 $n$ が**完全数**(perfect number)とは,$\sigma(n)=2n$ をみたすことである.すなわち,「完全数とは自分自身の約数の和に等しい数である(『原論』;Ⅶ巻 定義 23)」.

**例 10** $\sigma(6)=1+2+3+6=12=2\cdot 6$, $\sigma(28)=1+2+4+7+14+28=56=2\cdot 28$, $\sigma(496)=2\cdot 496$, $\sigma(8128)=2\cdot 8128$.

よって，6, 28, 496, 8128 は完全数です．これらは小さい順に数えて最初の 4 つの完全数であり，このことは既にギリシア時代に知られていました．（ニコマコス『算術入門』：Nicomachus, "Introductio Arithmetica"; c. AD100）

序章に書いた通り，2019 年 2 月現在，全部で 51 個の完全数が知られています．2018 年 12 月に見つかった 51 番目の完全数は，10 進法で書くと 5000 万桁に近いというとんでもなく大きな数です．これはパソコンを組織的に駆使して得られた結果であって，それ自体がすばらしいものですが，それにもましてすばらしいことは，エウクレイデスが 2300 年も前に偶数の完全数についての基本定理を証明していることです．

しかも，現在知られている完全数は驚くべきことに 1 つの例外もなく，すべてエウクレイデスの形のものに限られているのです．まさにギリシア数学の底力を見せつけられる思いがします．エウクレイデスの時代に現代のようなコンピューター時代（4000 万桁を超える完全数が見つかるほどの）が来ることなど夢想だにしなかったに違いありません．それどころか，彼自身が，はたして 4 番目の完全数（わずか 4 桁！）を知っていたかどうか分からないという落差の大きさには，正直驚かざるを得ません．そんな時代に，現代のスーパーコンピューターや，数万台の高性能パソコンが束になって探し続けても，その枠内から抜け出せないほどの大定理（定理 4）を証明し，またあるときは定理 1 のように，無限をも呑みこむほどの気概を見せるギリシアの数学を私は素直に尊敬します．それと同

時に人間理性の無限の可能性を信じられることに,深い喜びを感じます.少々横道にそれてしまいましたが,そのすばらしい定理を現代の表記で書いてみましょう.

**定理4** (完全数についてのエウクレイデスの定理(IX 36))
$2^n-1(n>1)$ が素数 $\Rightarrow N=2^{n-1}(2^n-1)$ は完全数

[証明] $p=2^n-1$ が素数だとすると,$N=2^{n-1}\cdot p$ に対して,

$$\sigma(N) = \sum_{\{0\leq i\leq n-1\}\{0\leq j\leq 1\}} 2^i \cdot p^j = \{(2^n-1)/(2-1)\}\cdot(p+1) = p\cdot 2^n$$
$$= 2N$$

よって確かにこのとき $N=2^{n-1}\cdot(2^n-1)$ は偶数の完全数である. ∎

初めてこの定理を超える結果を得たのは,またしてもオイラーでした.エウクレイデスからおよそ2000年後のことです.これは第4章を待たずにここで紹介しておきましょう.なお関数 $\sigma(n)$ に関する第1章の補題Iを使います.

**定理5** (偶完全数についてのオイラーの定理)
偶数の完全数は定理4の形のものに限られる.

[証明] $N$ が偶数の完全数だったとして $N=2^k\cdot m (k>0,\ m$ は奇数)とおく.補題Iより

$$\sigma(N) = \sigma(2^k)\cdot\sigma(m) = (2^{k+1}-1)\cdot\sigma(m)\ [=K\cdot\sigma(m)\ と書く]$$

一方 $N$ は完全数だから,$\sigma(N)=2N=2^{k+1}\cdot m=(K+1)\cdot m$ となり,

$$\sigma(m) = \{(K+1)/K\}\cdot m = m+m/K$$

が成り立つ．$\sigma(m)$ は整数だから $m/K$ は整数であり，したがって，当然 $m$ の約数になる．$\sigma(m)$ は 1 と $m$ を必ず含む $m$ の約数全部の和だから $m/K=1$，すなわち $m=K$ にならざるを得ない．こうして $\sigma(m)=m+1$ となり，$m=K=2^{k+1}-1$ は素数であることがわかる．すなわち $N=2^k\cdot(2^{k+1}-1)$（ただし $2^{k+1}-1$ は素数）となる．∎

**定義** $M_n=2^n-1$ の形の数を**メルセンヌ数**といい，特にこれが素数になるとき，**メルセンヌ素数**(Mersenne prime)という．

**例 11** $M_2=2^2-1=3$, $M_3=2^3-1=7$, $M_5=2^5-1=31$, $M_7=2^7-1=127$ はメルセンヌ素数．これらから，例 10 にあげた最初の 4 つの完全数が得られます．$M_{11}=2^{11}-1=2047=23\cdot 89$, $M_{23}=2^{23}-1=8388607=47\cdot 178481$ はメルセンヌ数ですがメルセンヌ素数ではありません．

**問 8** $a, n$ が 1 より大きい自然数のとき，次のことを示せ．
　　$a^n-1$ が素数 $\Rightarrow a=2$ かつ $n=$素数

**問 9** 5 番目，6 番目のメルセンヌ素数を見つけよ．

定理 4，定理 5 により偶数の完全数を見つけることは，メルセンヌ素数を見つけることと同値になることがわかります．メルセンヌ(Marin Mersenne；1588-1648)という人はフェルマー(Pierre de Fermat；1607-65)，デカルト(René Descartes；1596-1650)，パスカル(Blaise Pascal；1623-62)らと同時代に生きて，これらの人たちと交友のあった僧侶でした．時代を代表する数学者・科学者たちを毎週自分のサークルに集めて最新情報を交換するとともに，ヨーロッパ中から集まる情報を興味のありそうな人たちに手紙で知らせる仲介者の役割を担っていました．まだ学術雑誌のない時代

に，その代役を務めた貴重な人でした．そこで付いたあだ名が「歩く雑誌(Walking Journal)」でした．

メルセンヌはそれまでに発見された8個の「完全数」をリストアップし，それに続けて3個を「完全数」と書きました．対応する「メルセンヌ素数 $M_n$」で言うと，既知の $n=2, 3, 5, 7, 13, 17, 19, 31$ に続けて，$n=67, 127, 257$ に対応する $M_n$ です．このうち $n=67, 257$ のときはメルセンヌ素数ではなく，また，メルセンヌ素数になる $n=61, 89, 107$ に対応する $M_n$ が抜け落ちています．しかしそれらが明らかになるのは20世紀になってからのことです．この大胆な予測のために，後に素数になる $M_n$ に「メルセンヌ素数」という名前がつけられました．

---

**すばらしいアイディア 4**

**偶数の完全数はエウクレイデス＝タイプに限られる**

定理4の前にも書きましたが，「素数が無数にある」ことを主張するエウクレイデスの素数定理に見られる古代ギリシア人の気宇壮大さは括目に値します．そして現在まで，今から2300年前の『原論』第9巻命題36(上記の定理4)に書かれたタイプ以外の完全数が1つも見つかっていないということも驚くべきことです．これは，証明のすばらしさを言う前に，この定理4の内容そのものがすばらしいと思います．2000年の時を隔てて，エウクレイデスのアイディアと，偶数の完全数はエウクレイデスが見つけたタイプに限られることを証明したオイラーの天才をたたえて，このコラムに取り上げました．

---

それでは，現在までに知られているメルセンヌ素数の一覧などのリストと小さなエピソードをコラム**素数のトリヴィア**2つにまとめてから，一気に時代をワープして，近代的数論の生まれ出る現場に立ち会ってみましょう．

素数のトリヴィア 4

## 「メルセンヌ素数」の現状

「序章」で紹介した通り，2018 年の暮に新しいメルセンヌ素数が見つかりました．ここで，これまでに見つかったメルセンヌ素数をまとめておきます．$M_p=2^p-1$ の $p$ の値と(10 進)桁数，発見年と発見者のリストです．番号は大きさの順ですが，48 番から先は探索が完了していないので確定ではありません．また大体は発見順になっていますが，12, 30, 31, 47 番のように，時折り大きいものが早く見つかることがあります．

| 番号 | $p$ | 桁数 | 発見年 | 発見者 |
|---|---|---|---|---|
| 1 | 2 | 1 | 古代 | 古代ギリシアの数学者 |
| 2 | 3 | 1 | 古代 | 古代ギリシアの数学者 |
| 3 | 5 | 2 | 古代 | 古代ギリシアの数学者 |
| 4 | 7 | 3 | 古代 | 古代ギリシアの数学者 |
| 5 | 13 | 4 | 1456 | 不明 |
| 6 | 17 | 6 | 1588 | Pietro Cataldi |
| 7 | 19 | 6 | 1588 | Pietro Cataldi |
| 8 | 31 | 10 | 1772 | Leonhard Euler |
| 9 | 61 | 19 | 1883 | Ivan Mikheevich Pervushin |
| 10 | 89 | 27 | 1911 Jun | R. E. Powers |
| 11 | 107 | 33 | 1914 Jun 11 | R. E. Powers |
| 12 | 127 | 39 | 1876 Jan 10 | Édouard Lucas |
| 13 | 521 | 157 | 1952 Jan 30 | Raphael M. Robinson |
| 14 | 607 | 183 | 1952 Jan 30 | Raphael M. Robinson |
| 15 | 1279 | 386 | 1952 Jun 25 | Raphael M. Robinson |
| 16 | 2203 | 664 | 1952 Oct 07 | Raphael M. Robinson |
| 17 | 2281 | 687 | 1952 Oct 09 | Raphael M. Robinson |
| 18 | 3217 | 969 | 1957 Sep 08 | Hans Riesel |
| 19 | 4253 | 1,281 | 1961 Nov 03 | Alexander Hurwitz |
| 20 | 4423 | 1,332 | 1961 Nov 03 | Alexander Hurwitz |
| 21 | 9689 | 2,917 | 1963 May 11 | Donald B. Gillies |
| 22 | 9941 | 2,993 | 1963 May 16 | Donald B. Gillies |
| 23 | 11213 | 3,376 | 1963 Jun 02 | Donald B. Gillies |
| 24 | 19937 | 6,002 | 1971 Mar 04 | Bryant Tuckerman |
| 25 | 21701 | 6,533 | 1978 Oct 30 | Landon Curt Noll & Laura Nickel |

| | | | | |
|---|---|---|---|---|
| 26 | 23209 | 6,987 | 1979 Feb 09 | Landon Curt Noll |
| 27 | 44497 | 13,395 | 1979 Apr 08 | Harry Lewis Nelson & David Slowinski |
| 28 | 86243 | 25,962 | 1982 Sep 25 | David Slowinski |
| 29 | 110503 | 33,265 | 1988 Jan 28 | Walter Colquitt & Luke Welsh |
| 30 | 132049 | 39,751 | 1983 Sep 19 | David Slowinski |
| 31 | 216091 | 65,050 | 1985 Sep 01 | David Slowinski |
| 32 | 756839 | 227,832 | 1992 Feb 19 | David Slowinski & Paul Gage |
| 33 | 859433 | 258,716 | 1994 Jan 04 | David Slowinski & Paul Gage |
| 34 | 1257787 | 378,632 | 1996 Sep 03 | David Slowinski & Paul Gage |
| 35 | 1398269 | 420,921 | 1996 Nov 13 | GIMPS / Joel Armengaud |
| 36 | 2976221 | 895,932 | 1997 Aug 24 | GIMPS / Gordon Spence |
| 37 | 3021377 | 909,526 | 1998 Jan 27 | GIMPS / Roland Clarkson |
| 38 | 6972593 | 2,098,960 | 1999 Jun 01 | GIMPS / Nayan Hajratwala |
| 39 | 13466917 | 4,053,946 | 2001 Nov 14 | GIMPS / Michael Cameron |
| 40 | 20996011 | 6,320,430 | 2003 Nov 17 | GIMPS / Michael Shafer |
| 41 | 24036583 | 7,235,733 | 2004 May 15 | GIMPS / Josh Findley |
| 42 | 25964951 | 7,816,230 | 2005 Feb 18 | GIMPS / Martin Nowak |
| 43 | 30402457 | 9,152,052 | 2005 Dec 15 | GIMPS / Curtis Cooper & Steven Boone |
| 44 | 32582657 | 9,808,358 | 2006 Sep 04 | GIMPS / Curtis Cooper & Steven Boone |
| 45 | 37156667 | 11,185,272 | 2008 Sep 06 | GIMPS / Hans-Michael Elvenich |
| 46 | 42643801 | 12,837,064 | 2009 Jun 04 | GIMPS / Odd M. Strindmo |
| 47 | 43112609 | 12,978,189 | 2008 Aug 23 | GIMPS / Edson Smith |
| 48? | 57885161 | 17,425,170 | 2013 Jan 25 | GIMPS / Curtis Cooper |
| 49? | 74207281 | 22,338,618 | 2016 Jan 07 | GIMPS / Curtis Cooper |
| 50? | 77232917 | 23,249,425 | 2017 Dec 26 | GIMPS / Jonathan Pace |
| 51? | 82589933 | 24,862,048 | 2018 Dec 07 | GIMPS / Patrick Laroche |

## 2 人間理性の金字塔エウクレイデス

**素数のトリヴィア 5**

### 非メルセンヌ素数の「最大素数」の記録

メルセンヌ素数に対する効率的な素数判定法があるために，明確な形で書かれた「最大素数」の記録は，ほとんどの場合にメルセンヌ素数が担っています．「最大素数」であるメルセンヌ素数の記録はよく目にしますが，非メルセンヌ素数の「最大素数」の記録はほとんど見かけません．そこで，これをまとめておきましょう．非メルセンヌ素数の「最大素数」の後に，それが超えられた記録も載せます．これによって，非メルセンヌ素数が「最大素数」であったおおよその期間がわかります．

| 最大素数 | 桁数 | 発見年 | 発見者 |
|---|---:|---:|---|
| $M_{59}/179951$ | 13 | 1867 | Landry |
| exeeded by $M_{127}$ | 39 | 1876 | Lucas |
| $(M_{148}+2)/17$ | 44 | 1951 | Ferrier |
| $180 \cdot M_{127}^2 + 1$ | 79 | 1951 | Miller & Wheeler |
| exeeded by $M_{521}$ | 157 | 1952 | Robinson |
| $391581 \cdot 2^{216193} - 1$ | 65,087 | 1989 | Amdahl Six* |
| exeeded by $M_{756839}$ | 227,832 | 1992 | Slowinski et al. |

\* Amdahl Six は Amdahl コンピューターを使って素数探求を続ける 6 人グループ．イニシャルは BNPSSZ. N は Landon Curt Noll.

# 第3章　フェルマーと仲間たち

ほとんどのフェルマーの伝記は生年を 1601 年としている．しかし，ドイツ・カッセル大学名誉教授クラウス・バーナーは，彼の父は Piere ("r" 1 つ)と名づけた，1601 年生まれの息子を持ったが，生後間もなく死んだことを発見した．Pierre と名付けられた 2 人目の息子は，1607 年に生まれ，有名数学者になった．(MAA；MathDL)

## §11　フェルマーとその時代

　フェルマーは近代的数論の創始者と言われます．彼がどんな時代に生き，どんな業績を残したのかざっと追ってみましょう．17 世紀の初め，1607 年の 10 月 31 日から 12 月 6 日までのある日，トゥールーズの近くの小村ボーモンに富裕な革商人の息子として生まれました．この年から数年間，教会の洗礼の記録が失われているために正確な日付は不明ですが，バーナー名誉教授の調査で，誕生の日付は晩秋のほぼ 1 か月間にまで絞り込まれました．父ドミニクはフランソワ・カズヌーヴとの最初の結婚で男の子をもうけたのですが，2 年後に母子ともに亡くなりました．翌年クレール・ド・ロングと再婚して 5 人の子供に恵まれました．その 1 人が後の大数学者ピエールです(**図 2 (左)**)．

　ピエールは法律家を目指してトゥールーズ大学とオルレアン大学で学んでいる間に，数年間をボルドーで過ごし，この頃に数学者としての基礎を作り上げたようです．1631 年に民法の学位をと

**図2(左)** フェルマー
**図2(右)** フェルマーの墓碑(フランス，カストル)
"1665年1月13日ここに埋葬される．…数学者，その定理 $a^n+b^n \neq c^n$ pour $n>2$ によりて名高い"

り，ピエール・ド・フェルマーと改名し，いとこのルイーズ・ド・ロングと結婚して5人の子供に恵まれました．卒業後トゥールーズ高等法院の法官になり1665年1月12日に亡くなるまで終生その職にありました(**図2(右)**)．仕事の余暇に数学の研究を行ったので「アマチュア数学者の王」と呼ばれることもありますが，これは第一級の天才数学者に対して余りにも不当な呼び方です．父の偉業が散逸するのを恐れた息子のサミュエルが，書簡や数学書への書き込みまで含めて一書にまとめたので，生々しい形で記録が残されたのは幸いでした．

2001年に，フェルマーが1607年生まれであることがわかったので，少し詳しく故人の経歴を紹介しました．

12世紀ルネサンスで，古代ギリシアやアラビアのレベルの高い数学・科学がヨーロッパに伝わると，ヨーロッパの数学・科学も目覚めてゆっくりと動き出し，16世紀初頭にはヨーロッパ数学が初めてオリエント数学やギリシア数学などの大先輩を超えて3次方程式の根の公式を見つけることになります．ギリシア数学復活の動きは印刷術の普及によって加速し，ギリシア時代の重要な古典はラ

テン語訳で復刻されて出揃い,新しい命を吹き込まれる日を待っていました.

エウクレイデスの『原論』,アポロニオス(Apollonios of Perga；BC261-BC190)の『円錐曲線論』,ディオパントス(Diophantos；3世紀)の『算術(Arithmetica)』などが相次いで刊行されますが,近代的数論にとって忘れられないのがバシェ(Claude Bachet de Méziriac；1581-1638)によるディオパントス『算術』のラテン語対訳(1621年刊)の出版でした.フェルマーが持っていたこの本に,有名な「フェルマーの最終定理」を始めとする様々な書き込みがなされ,近代的数論の誕生を告げる舞台となったのです.

フェルマーの業績が知られるようになったのは,彼が1636年メルセンヌに手紙を書いて以来のことです.「歩く雑誌」メルセンヌのサークルには,有名な『パンセ』の著者ブレーズ・パスカルの父親エティエンヌ(Étienne Pascal；1588-1651)とロベルヴァル(Gilles Personne de Roberval；1602-75)を中心として当時の一流の数学者・科学者が集い,デカルトやガリレオ・ガリレイ(Galileo Galilei；1564-1642)たちとも文通で連絡を取り合っていました.

当時はメルセンヌに書簡を送るのが,最も権威のある学術上の成果の発表方法だったのです.フェルマーの同僚カルカヴィ(Pierre de Carcavi；1600？-84)から話を聞いて,メルセンヌは自分のサークルに来るようにフェルマーを誘ったのですが,それに対する1636年4月26日付の書簡でそれまでの研究成果を述べています.フェルマーはこのときに力学,幾何学,解析学,そして数論の成果を披露し,メルセンヌ・サークルに集まる人たちを驚かせたのでした.これ以後も,続々と問題を送ったり論争をしたりしています.

フェルマーは並はずれた「数覚」(数に対する鋭い感覚,勘)の持

ち主で，断片的な事実から一般的な定理を導く天才でした．生涯論文を公表せず，また定理の証明もほとんど発表しなかったので，時折「あいつは大ぼらを吹いている」と疑われたりもしました．そんな時だけ親しい友人に証明の筋道を書き送ったのです．ここから類推する限り，大筋では正しい証明を得ていたようです．

彼の数多い「定理」の多くは，およそ100年の後スイス出身の大数学者オイラーが証明を完成させました．フェルマーの言明は，現在，350年も解決を拒んだ超難問，いわゆる「フェルマーの最終定理（Fermat's Last Theorem）」も含めてすべて証明され，あるいは否定されています．数論学者としてのフェルマーが偉大だったのは，その旺盛な好奇心と独創的な天才により「数」に関する多くの定理を人類文明の中に取り込んだこと，そして彼自身「無限降下法」と呼んだ卓抜した証明法によって証明の筋道をつけたことでしょう．これはいわゆる「数学的帰納法」を逆向きに進めていく証明法です．すばらしいアイディアなので，コラムで解説します．

### すばらしいアイディア 5

#### 無限降下法

フェルマーの独創になる「無限降下法」について説明する前に，まず「数学的帰納法」を思い出しておきましょう．これは自然数 $n$ についての命題 $P(n)$ がすべての $n$ に対して成り立つことを，次の2つのことを確かめることで証明する方法です：
(1) 命題 $P(n)$ は $n=1$ に対して成り立つ．
(2) 命題 $P(n)$ が成り立つ ⇒ 命題 $P(n+1)$ が成り立つ．
これによって人類は自然数全体という無限集合で成り立つ性質を証明できるようになったのでした．『パンセ』において「2つの無限」を考察した人（パスカル）が，実は人間として初めて「無限」に手の届く手段を見付けたことになります．なお，この証明法は演繹法の典型なのですが，どういうわけか「数学的帰納法」と呼ばれていま

す.「パスカルの三角形」を論じた論文において,パスカルが歴史上初めて,明確な形で「数学的帰納法」を使いました.

「無限降下法」は本質的には「数学的帰納法」の向きをちょうど逆にしたものです.すなわち,自然数に関するある命題を証明するときに,その命題が成り立たない自然数があるとすると,必ずそれよりも小さな自然数でその命題が成り立たないことを示して,矛盾を導くという方法です.たとえば,後述の定理14(§16)「$p \equiv 1 \pmod 4$ を満たす素数は必ず2つの平方数の和で書ける」ことを証明したいものとします.そのときにどう推論するのか,「私の方法」をフェルマー自身に語ってもらいましょう(カルカヴィ宛書簡,1659).

> もしも任意に選ばれた4の倍数より1だけ大きい素数が2つの平方数から成り立っているのではないとすると,同じ性質を持ち,しかもより小さいもう1つの素数が存在することになる,そしてさらに小さい第3の素数が存在することになる,というふうに限りなく降下して,ついには,問題となっている種類のすべての数の中で最小である数5に到達します.上の議論はこれが2つの平方数から成り立つことはないことを要求しますが,実際は2つの平方数から成り立つのです(注:$5=1+4=1^2+2^2$).これから,背理法によって,この性質を持つすべての数は,結果として,2つの平方数から成り立つのだと推論せざるを得ません.

自分で考案したこんなすばらしい証明法を持っていて,誰にも解けない難問を次々に解決していくのですから,フェルマーは楽しくて仕方がなかったことでしょう.彼の数論関係のメモや手紙類には発見の喜びと誇りが満ちあふれています.それだけに,どの問題でもよいから完全な証明をきちんと書き残しておいてくれたら良かったのにと思うのは,私だけではないでしょう.

数論以外の業績も多く,ブレーズ・パスカルとの文通を通じてパスカルとともに古典確率論の創始者の1人となり,パッポス(Pappus;3世紀-4世紀)による解説だけを残して失われてしまったア

ポロニオスの「平面軌跡論」を復元することによりデカルトとともに「解析幾何学」を始め，更に接線法，極値法，求積法を論じてニュートン（Isaac Newton；1642-1727），ライプニッツ（Gottfried Wilhelm Leibniz；1646-1716）により完成された「微分積分学」の先駆者となりました．数学以外でも，光の進路についての「フェルマーの原理」のような光学の成果もあります．

また数論の面白さをわかってもらいたくて，メルセンヌを始めとして，デカルトやパスカルらに何度も熱烈な手紙を書き，またイギリスの数学者たちに挑戦状を送ったりもしましたが，彼の度を超した秘密主義が障害となり概ね失敗に終りました．その意味で彼は孤独でしたが，たびたび言及しているように史上最大の数学者の1人であるオイラーはおよそ1世紀の後に多くの優れた論文を発表してフェルマーの情熱に見事に応え，更に様々なアイディアを導入して大幅に数論を前進させたのでした．このあたりの事情については第4章で見ることにして，節を改めてフェルマーの数論の成果を解説することにしましょう．

## §12 天才フェルマーの勝利

### フェルマーの数論

それではフェルマーの数論上の輝かしい勝利について説明しましょう．バシェは，前述したディオパントス『算術』のラテン語対訳本に多くの注記を書き加えたのですが，その注記に触発されたりディオパントスの問題自体にインスピレーションを受けたりして，フェルマーの数論は次第に発展していきます．たとえばバシェの「325までの自然数が4つ以内の平方数の和になることを確かめた

が，この事実の一般的な証明が望まれる」という注記にさらに付け加えて，「私がその最初の発見者である大変美しく全く一般的な命題がある」と自己宣伝をした上で，

☆すべての数は，高々3つの三角数の和であり，高々4つの四角数（平方数）の和であり，高々5つの五角数の和であり，…，高々$n$個の$n$角数の和である

という命題を述べています．例によって「証明をここに与えることはできません．それは数論の多くの深遠な神秘にかかわっているのです」と，思わせぶりなことを言うばかりで証明は書いていません．ここで$n$角数とは，$m\{2+(m-1)(n-2)\}/2$ ($m$は自然数)の形をした数で，$n$角形に点を並べたときの点の個数として表されます．初項1，公差$n-2$の等差数列の第$m$項までの和と捉えるとわかりやすいでしょう．古来，完全数や多角数のような数が珍重されてきたのです．フェルマーが，ここでバシェの実験結果をはるかに一般の場合に拡張していることに注目してください．これこそが天才フェルマーの最も独創的な点だったのです．

同じような形で，次のような命題も現れます．最初のものは，余りにも有名な「フェルマーの最終定理」を述べたもので，これについては§13で詳しく述べることにします．

☆（与えられた平方数を2つの平方数に分けよというディオパントスの問題に関連して，有名な「フェルマーの最終定理」が述べられる．）これに反し立方数を2つの立方数の和に，四乗数を2つの四乗数の和に，一般に平方よりも大きい任意のベキ

乗数を 2 つの同名のものに分けることはできない.
- ☆ $p \equiv 1 \pmod{4}$ なる素数は,ただ 1 通りに 2 つの平方数の和として書ける.$p^2$ は 2 通り,$p^3$ は 3 通り,$p^4$ は 4 通りに表せ,以下このように進む.
- ☆ 3 辺が自然数であるような三角形の面積は平方数ではあり得ない.(これは次節で述べるフェルマーの最終定理の $n=4$ の場合が正しいことと同値である.したがって大変難しいが,今ではフェルマーの与えた証明の筋道は完全に復元されている.)

といった調子で続いていくのです.この他にもすばらしい結果が次々と述べられますが,それらはここでは省略します.この書き込みの他にもう 1 つ,すばらしい命題の宝庫となったのが友人たちへの数多くの手紙でした.そのうちから数論におけるフェルマーの勝利の全体像をつかむのに最適な 1 通を紹介しましょう.日付は 1654 年 9 月 25 日,宛先はブレーズ・パスカルです.まず確率論における賭けの分け前を論じます.これはトゥールーズのフェルマーがカルカヴィを介して初めてパリのパスカルに送った手紙で論じた問題の答が一致したことを喜んで,「パリでもトゥールーズでも真理は 1 つなのですね」という印象的な一句を認めたパスカルの最初の手紙以降も,2 人の間でさらに複雑な場合を論じ合う中で,古典確率論の基礎を固めた現場に他なりません.そしてその直後に,「数について発見した命題のうちで考慮に値すると思われるものすべて」を簡潔に書いています.その最初に来るのが三角数などについての命題で,フェルマー自身最も重要と考えていると明言しています.そして,この命題を証明するのに必要なこととしてさらに,

☆ $p\equiv 1\,(\mathrm{mod}\ 4)$ なる素数は $a^2+b^2$ の形に書ける
☆ $p\equiv 1\,(\mathrm{mod}\ 6)$ なる素数は $a^2+3b^2$ の形に書ける
☆ $p\equiv 1$ or $3\,(\mathrm{mod}\ 8)$ なる素数は $a^2+2b^2$ の形に書ける
☆ 3辺が自然数である三角形で面積が平方数になるものは存在しない

という命題を述べています.「圧倒される思い」というのは,まさにこのような手紙を読んだ時のためにある言葉でしょう.年若くて頭脳明晰なパスカルは書かれていることの意義は認めましたが,フェルマーが期待したように数論の面白さに引き込まれることはありませんでした.フェルマーにとって,そして数論にとって不幸なことは,この手紙の2か月後にパスカルは「運命的な回心」を体験して,数学を(ほとんど)離れることになるのです.しかし,ここはパスカルの心の行方を追う場所ではありません.再びフェルマーの手紙の世界に戻ります.

### フェルマーの小定理発見

もう1通の,とりわけ輝かしい手紙が1640年10月18日付のベルナール・フレニクル(Bernard Frenicle de Bessy;1612?-74)宛の手紙です.この中で,現在「フェルマーの小定理」と呼ばれている大事な定理を述べています.証明は,またもやオイラーによってなされました(フェルマーは例によって,証明が長すぎるのを恐れなければお送りするのですが……,と言うだけです).

**定理6**(フェルマーの小定理)
素数 $p$ 及び自然数 $a$ に対して,$(p,a)=1\Rightarrow a^{p-1}\equiv 1\,(\mathrm{mod}\ p)$.

[証明] $a, 2a, 3a, \cdots, (p-1)a$ を取ると，これらはいずれも $p$ を法として合同にならない．なぜなら，もし $p-1$ 以下の相異なる自然数 $r, s$ に対して $ra \equiv sa \pmod{p}$ になったとすると，$(r-s)a \equiv 0 \pmod{p}$，すなわち $p|(r-s)a$ となるが，$p$ と $a$ とは互いに素だから $p|(r-s)$ となる．$r$ も $s$ も $p-1$ 以下だから $r=s$ でない限りこの式は成り立たない．これは矛盾．したがって最初に取った $p-1$ 個の数は $p$ で割った余りがすべて異なるから，余りは $1, 2, 3, \cdots, p-1$ が順序を変えてちょうど 1 回ずつ現れることになる．そこで $(\bmod\ p)$ の合同式で，左辺に最初に取った $(p-1)$ 個の数，右辺にそれを $p$ で割ったときの余りを取り，これら $p-1$ 個の合同式の辺々を掛け合わせると，

$$a^{p-1}(p-1)! \equiv (p-1)! \pmod{p}$$

となる．明らかに素数 $p$ は $(p-1)!$ と互いに素だから，$(p-1)!$ で両辺を割れば定理を得る． ∎

**系 2**　任意の素数 $p$ と自然数 $a$ に対して，$a^p \equiv a \pmod{p}$．

[証明]　$(p,a)=p$ ならば自明．$(p,a)=1$ ならば定理 6 から明らか． ∎

**例 12**　$2^6 = 64 \equiv 1 \pmod 7$，$3^{10} = 59049 \equiv 1 \pmod{11}$，$741^{1008} \equiv 1 \pmod{1009}$．

**例 13**　$2^{10} = 1024 = 3 \cdot 11 \cdot 31 + 1$ より，$2^{10} \equiv 1 \pmod{11 \cdot 31}$．よって，$2^{340} = (2^{10})^{34} \equiv 1 \pmod{11 \cdot 31}$．
すなわち合成数 $n = 11 \cdot 31 = 341$ に対して，$2^{n-1} \equiv 1 \pmod n$ が成り立ちます．

例13のように，定理6の合同式が適当な整数 $a$ と，素数でない整数 $n$ に対しても成り立つことがあります．このような整数 $n$ のことを($a$ に対する)**擬素数**(pseudoprime)といいます．

**例14** $3^{10}-1=59048=2^3\cdot 11^2\cdot 61$ ですから，$3^{10}\equiv 1\pmod{11^2}$.

例14のように素数 $p$ の中には $a^{p-1}\equiv 1\pmod{p^2}$ が成り立つものがあります．このような素数 $p$ を($a$ に対する)**ヴィーフェリッヒ素数**(Wieferich prime)と呼びます．ヴィーフェリッヒ(Arthur Wieferich；1884-1954)はドイツの数学者で，1909年にフェルマーの最終定理に関する大事な定理を証明しました(§13参照)．

### フェルマーの失敗

さて，フェルマーの勝利についていろいろと書いてきましたが，彼の失敗例を1つ取り上げて，この節を終ることにします．「フェルマー数」についての話題です．$F_n=2^{2^n}+1$ の形の自然数を**フェルマー数**(Fermat number)といいます．これが素数になるときが**フェルマー素数**(Fermat prime number)です．異なるフェルマー数は互いに素であることが証明されています：

**補題 II** $m\neq n \Rightarrow (F_m, F_n)=1$

すなわち，異なるフェルマー数は互いに素である．

[証明] $m<n$ と仮定して一般性を失わない．いま $n=m+k$ $(k>0)$ とおく．$2^{2^m}=M, 2^k=2K$ とおくと，$2^{2^n}=2^{2^{m+k}}=(2^{2^m})^{2^k}=M^{2K}$ だから，$F_n-2=M^{2K}-1=(M+1)(M^{2K-1}-M^{2K-2}\pm\cdots+M-1)=F_m\cdot(M^{2K-1}-M^{2K-2}\pm\cdots+M-1)$.

よって $(F_m, F_n) = (F_m, 2) = 1$ ($\because F_m$ は明らかに奇数)となる. ∎

$F_0 = 3, F_1 = 5, F_2 = 17, F_3 = 257, F_4 = 65537$ がいずれも素数であることを確かめて，フェルマーはこの形の数はすべて素数になると予想しました．友人への書簡で繰り返し述べ，1659 年には「証明を見つけた」とも書いています．そのために後に「フェルマー数」の名前で呼ばれるようになりました．

彼が余りにも自信を持っていたせいもあって，この誤った予想は何十年も疑われずにいました．青年オイラーが 1732 年に書いた最初の数論の論文で，すぐ次のフェルマー数 $F_5$ が，641 という素因数を持つことを示したときは，その素因数の小ささとともに驚きを持って迎えられました．現在では随分多くの $n$ について $F_n$ が合成数であることが確かめられていますが，$n \geq 5$ のときには未だに素数になるものは 1 つも見つかっていません．むしろ，フェルマーが見つけた最初の 5 個が例外で，あとはすべて合成数ではないかというフェルマーの予想とは逆の推測が力を増しています．

**素数のトリヴィア 6**

 　　　　「フェルマー素数」の現状報告　　　　

「フェルマー素数」の現状をまとめておきましょう(2019 年 2 月現在)．本文で触れた通り，フェルマー数 $F_n = 2^{2^n} + 1$ の最初の 5 個は素数です：

$F_0 = 2^1 + 1 = 3$, $F_1 = 2^2 + 1 = 5$, $F_2 = 2^4 + 1 = 17$,
$F_3 = 2^8 + 1 = 257$, $F_4 = 2^{16} + 1 = 65537$

それに対して，この先にフェルマー素数は 1 つも見つかっていません．最近，この先にフェルマー素数がある確率は 10 億分の 1 以下であることが証明されました(Boklan-Conway；2016)．$F_5$ から $F_{32}$ までは合成数であることがわかっていて，その内 $F_5$ から $F_{11}$ までについては素因数分解も完全にできています．$F_{20}$ と $F_{24}$ については素因数も見つかっていません．合成数であること

がわかっているフェルマー数で最大のものは，$F_{3329782}$ です．これは 10 の肩に 1002364 桁の指数が乗るほどの，飛んでもなく大きな数です．またフェルマー数の素因数は 342 個が知られており，298 個のフェルマー数が合成数であることがわかっています（2018年 4 月現在）．

なお，フェルマー素数は定規（直線）とコンパス（円）だけを用いた正多角形の作図の観点からも重要です．第 5 章でお話しするガウスは 18 歳のときに「正一七角形の作図が可能」であることを発見しました．青年ガウスは，古代ギリシア以来 2000 年を超える幾何学の長い歴史に新しい 1 ページを加えたこの発見を生涯にわたって誇りに思い，この発見をとても喜びました．そしてイェーナで発行されていた雑誌に「新たな発見」と題する速報が掲載されました（1796.6.1）．じつは 19 世紀に，「定規とコンパスで作図可能な正多角形は，2 のベキ乗，または，それに異なるフェルマー素数を掛けたものである」という定理が証明されています．正三角形，正五角形，正 3×5 角形，およびそれらに 2 のベキを掛けた正多角形が作図可能なことは昔から知られていましたが，3 と 5 の次のフェルマー素数である 17 でも可能なことを，「円分体の理論」によって発見したのでした．この発見の朝のことは，高木貞治『近世数学史談』（岩波文庫）に印象深く描かれています．

---

**すばらしいアイディア 6**

### エウクレイデスの素数定理の史上 2 番目の証明

フェルマーの予想が正しければ，当然「素数は無限に多くある」ことの別証明になります．ところが，フェルマーの予想ははずれたのに，じつは先の補題 II からエウクレイデスの素数定理の別証明が得られます．怪我の功名とも言えますが，フェルマーの失敗から生まれた思いがけない収穫です．18 世紀のゴルトバッハという人が考えました．

#### ゴルトバッハによるエウクレイデスの素数定理の証明

補題 II より，$F_n$ は $F_m\,(\forall m<n)$ と互いに素だから，必ずそれま

でに現れた素数とは異なる素数を約数として含む．したがって素数は無限に多く存在する．∎

　うまいところに気づいたものですね．これが，エウクレイデスの証明以来の最初の別証明です．ゴルトバッハとオイラーの間で交わされた往復書簡は当時の数学の諸問題を論じ合う稀有な資料ですが，師ヨーハン・ベルヌーイ（Johann Bernoulli；1667-1748）に勧められて青年オイラーが初めて書いた 1729 年 10 月のゴルトバッハ宛の手紙に対する返信（12 月）の最後に，ゴルトバッハは追伸としてフェルマー数について，「フェルマーは $2^{2^x}+1\,(=F_x)$ の形のすべての数，すなわち 3, 5, 17, etc. が素数になることを見つけたものの，まだこれを証明できていないと言っていますが，私の知る限り，その後誰もこれを証明していません」と書き添えました．翌年 1 月のオイラーの返信の最後に，オイラーは「フェルマーが注意した観察について，まだ何も発見できていません」と，やや素っ気なく答えています．

　しかしフェルマーの数論を巡って，繰り返し議論をしているうちに，オイラーも「数論」の魅力に次第に引き込まれていきます．ある時からフェルマー数，メルセンヌ数，完全数，さらにはフェルマーの最終定理などについて真剣に答え始めています．オイラーを数論の道に引き込んだのは彼の大手柄です．「どんな偶数も 2 個の素数の和で書けるだろう」という有名な「ゴルトバッハ予想」もオイラーへの書簡（1742 年）の中で出てきたのでした（**図 3**）．ある意味で上記の証明も，ゴルトバッハとオイラーの協演と言えそうです．

**図 3**　ゴルトバッハのオイラー宛書簡（1742.6.7）

### フェルマーの間違いの原因

「フェルマー数」における失敗の原因について,今から見ての推測です.上述した通り,「フェルマーの小定理」の結論,$a^{n-1} \equiv 1 \pmod{n}$ が成り立つ合成数 $n$ が「($a$ に対する)擬素数」ですが,フェルマー数 $F_n$ が素数ではないとすると,2 に対する擬素数になることが証明できます.

**例 15** 素数でないフェルマー数 $F_n = 2^N + 1 \,(N = 2^n)$ は(2 に対する)擬素数になります.

［証明］ フェルマー数の式より明らかに,$2^N \equiv -1 \pmod{F_n}$.この両辺を $2^{N-n}$ 乗(偶数乗)すると,$(2^N)^{2^{N-n}} \equiv 1 \pmod{F_n}$.指数法則より $(2^N)^{2^{N-n}} = 2^{N \cdot 2^{N-n}}$ だが,$N \cdot 2^{N-n} = 2^n \cdot 2^{N-n} = 2^N = F_n - 1$ だから,$2^{F_n - 1} \equiv 1 \pmod{F_n}$ となる. ∎

どうやらフェルマーはこの事実を知っていたようです.それに加えて,フェルマーの小定理は逆も正しいものと(古代中国以来)長いこと信じられてきた歴史もあるので,フェルマーはいわゆるフェルマー数が素数になると思い込んでしまったようです.

このフェルマー数が再び脚光を浴びるのは,青年ガウスが正一七角形の作図法に気付いた朝以後のことです.彼の結果によれば,正 $n$ 角形が定規とコンパスによって作図できるのは,$n$ が相異なるフェルマー素数の積に 2 のベキを掛けた数のときに限られます.1796 年 3 月 30 日(または 29 日)の朝,ベッドから出るときにこの大天才の頭に浮かんだ着想は,新しい「円分体の理論の基礎」の完成を告げるものでした.この辺りの事情については第 5 章でも少しふれることにします.

**問 10** $3 \leq n \leq 100$ の範囲で,定規とコンパスだけで正 $n$ 角形が作図できるものはどれか.また,$3 \leq n < 300$ の範囲の奇数で,正 $n$ 角形が作図できる $n$ をすべてあげよ.

## §13 そしてドラマは始まった

### フェルマーの書き込み

いよいよ,フェルマーの最終定理についての話をしましょう.

$n \geq 3$ に対して
$x^n + y^n = z^n$ を満たす自然数 $x, y, z$ は存在しない.

現代的な表現ではこのようになりますが,前述のように,フェルマーはバシェによるディオパントスの『算術』の対訳本に歴史に残る書き込みをしました.ラテン語では次のようになります.

> Cubum autem in duos cubos, aut quadratoquadratum in duos quadratoquadratos, et generaliter nullam in infinitum ultra quadratum potestatem in duas ejusdem nominis fas est dividere: cujus rei demonstrationem mirabilem sane detexi. Hanc marginis exiguitas non caperet.

前半は既に紹介した通りで,後半は以下のようになります.

> このことの真に驚くべき証明を見つけた.しかし,この余白は狭すぎて書けない.

もちろん,書き込みというのは極めて個人的な行為で,本人の心覚え以上のものではありませんし,それに対して責任を持て,などと言うべき筋合いのものではないのですが,今問題にしているものは例外中の例外と言うべきものでしょう.なぜなら,この私的な書き込みから 350 年,フェルマーの死後,息子サミュエルによっ

て公刊されてからでも300年以上もの長い間,様々なドラマを生みつづけることになるからです.オイラー,ルジャンドル(Adrien Marie Legendre;1752-1833),ディリクレ,コーシー(Augustin Louis Cauchy;1789-1857),ラメ(Gabriel Lamé;1795-1870),ソフィー・ジェルマン(Marie-Sophie Germain;1776-1831),クンマー(Ernst Eduard Kummer;1810-93),クロネッカー(Leopold Kronecker;1823-91),デデキント(Richard Dedekind;1831-1916)と思い付くままにこのドラマの主人公の名前をあげてみれば,フェルマーの最終定理が1本の赤い糸になって,数論の発展を大きく支えてきたことが直ちに見てとれると思います.

さて,フェルマーが「真に驚くべき証明」と呼んだ証明ははたして本当にあったのでしょうか.彼のその後の手紙類から見て,フェルマーの思い違いだろうというのが現在ほぼ定説になっています.すなわち彼は $n=3, 4$ のときの証明を実際に行ったのですが,そこで勘違いをしてその証明が一般の場合にも成り立つと思ったのだろうと推測されるのです. $n=3, 4$ の場合については何度も手紙の中で言及されていますが,一般の場合はこの書き込み以外には姿を見せないことから見ても,書き込みの時からそう遠くない時期に,自分の誤りに気付いたのではないだろうかというのが現在の推測です.

それはともかくとして, $n=4$ の場合の証明を追ってみましょう.いくつかの簡単な補題が必要になります.補題Ⅲの証明は省略します.

**補題Ⅲ** $(A, B)=1, AB=n^2 \Rightarrow A=a^2, B=b^2$ と書ける.

**補題Ⅳ** $x^2+y^2=z^2, (x, y)=1$ のすべての自然数解は次の形に書

ける．$x=a^2-b^2, y=2ab, z=a^2+b^2, (a,b)=1, (a>b)$.

[証明] 第1章の例9より，平方数を4で割ったときの余りは0か1である．したがって4で割ったときの余りは，$x^2$ と $y^2$ が共に0（したがって $z^2$ も0）か，$x^2$ と $y^2$ のうち一方が0で他方が1（したがって $z^2$ は1）のいずれかである．仮定 $(x,y)=1$ よりこの後者が成り立つ．そこで $x$ と $z$ が奇数で，$y$ が偶数と仮定してよい．$y=2y'$ とおくと，$y^2=z^2-x^2$ より $y'^2=\{(z+x)/2\}\cdot\{(z-x)/2\}$（$=A\cdot B$ と書く）となる．$(A,B)=1$ である．なぜなら，$(A,B)=d>1$ と仮定すると，$d|(A+B)=z, d|(A-B)=x$ となり，式 $y^2=z^2-x^2$ から $d|y$ が言えて $(x,y)=1$ に矛盾する．したがって補題Ⅲより $A=a^2, B=b^2$ となる．これより補題Ⅳが得られる．∎

**定理7** $x^4+y^4=z^2$ は自然数解を持たない．

[証明] いまこの方程式が自然数解を持ったと仮定して，$z$ が最小になるものをとる．このとき当然 $(x,y)=1$ となる．$X=x^2, Y=y^2$ とおくと，補題Ⅳより $X=a^2-b^2, Y=2ab, z=a^2+b^2, (a,b)=1, a>b$ と書ける．このとき，$Y=y^2$ は偶数の平方数だから4で割り切れる．したがって，$a, b$ のうちの一方は偶数である．$(a,b)=1$ より $a, b$ は同時に偶数にはなれない．$X=x^2=a^2-b^2$ より $a$ は奇数，$b$ が偶数である（さもなければ，平方数 $x^2$ を4で割った余りが3となって矛盾）．そこで $b=2b'$ とおく．$(y/2)^2=ab', (a, b')=1$ より，$a=\alpha^2, b'=\beta^2$ となる（補題Ⅲ）．∴ $x^2+(2\beta^2)^2=(\alpha^2)^2$.

よって再び補題Ⅳを用いて，$x=u^2-v^2, \beta^2=uv, \alpha^2=u^2+v^2, u>v, (u,v)=1$ となる．したがって補題Ⅲから，$u=\xi^2, v=\eta^2$ と書ける．∴ $\xi^4+\eta^4=\alpha^2$.

ところが，$z=a^2+b^2>a^2\geq a=\alpha^2\geq\alpha\,(\geq 1)$ だから $z$ より小さい $\alpha$ で定理7の式が成り立つことになり，$z$ の取り方に矛盾する. ∎

**系**（定理7） フェルマー方程式 $x^n+y^n=z^n$ は $n=4$ のとき自然数解を持たない.

［証明］ 定理7の式が自然数解を持たないから，その特別な場合である $x^4+y^4=(z^2)^2$ は自然数解を持たない. ∎

これによって，フェルマーの最終定理は $n$ が奇素数 $p$ に対して証明できればよいことになります．$x^p+y^p=z^p$ で，$p\nmid xyz$ の場合を**第1の場合**といいます．$p|xyz$ となるのが**第2の場合**です．第1の場合にフェルマー方程式が自然数解を持てば，$p$ は $2^{p-1}\equiv 1\pmod{p^2}$ をみたす（2に対する）ヴィーフェリッヒ素数になることが証明されていました（1909年；Wieferich）．また1990年頃には，2に対するヴィーフェリッヒ素数は $6\times 10^9$ までの範囲には1093と3511の2つしかないこと，そしてこの2つの数のいずれもがフェルマー方程式を満たさないこと，が確かめられていたので，第1の場合は $p<6\times 10^9$ の範囲で正しいことになります．第2の場合の方が難しいのですが，こちらは $p<150000$ まで正しいことが証明されていました．これが，「フェルマーの最終定理（FLT）」という超難問を最終解決に導いたワイルズ（Andrew Wiles；1953-）が1人で屋根裏部屋にこもって，この問題と格闘し始めたころの状況です．なお，「フェルマーの最終定理」が完全に解決した後，現在でも2に対するヴィーフェリッヒ素数の探索は進められていて，2015年11月には $p<4.9\times 10^{17}$ までの範囲には，1093と3511以外には存在しないことが確かめられています．

最後に次の定理を証明しておきましょう．

**定理 8**　フェルマー方程式は第1の場合，$p=3$ で自然数解を持たない．

［証明］　$x^3+y^3=z^3$, $3\nmid xyz$ に解があったとする．フェルマーの小定理(定理 6，系 2)より，$x^3 \equiv x \pmod{3}$, $y^3 \equiv y \pmod{3}$, $z^3 \equiv z \pmod{3}$ だから $x+y \equiv z \pmod{3}$ となり，$z=x+y+3u$ と書ける．

$$\begin{aligned}
\therefore x^3+y^3 = z^3 &= (x+y+3u)^3 \\
&= (x+y)^3+3\cdot 3u(x+y)^2+3\cdot 9u^2(x+y)+27u^3 \\
&= x^3+y^3+3xy(x+y)+9M
\end{aligned}$$

(ただし，$M=u(x+y)^2+3u^2(x+y)+3u^3$)となることから，$-3M=xy(x+y)\equiv xy(z-3u)\equiv 0 \pmod{3}$ が言える．これより直ちに，$xyz \equiv 0 \pmod{3}$ となり，始めの仮定に矛盾する．　∎

さて，フェルマーの旺盛な好奇心につられて，ついつい横道にそれてしまいましたが，再び素数論の本筋に戻ることにしましょう．

# 第4章 "数学の独眼竜(キュクロープス)"オイラーの片眼が見た世界

「高度の学識と才能を兼ね備えた若者(1728)」
「高名で学識ある人(1729)」
「高名で格別明敏な数学者(1737)」
「並ぶ者なきレオンハルト・オイラー.数学者の王(1745)」
　　(師のヨーハン・ベルヌーイが手紙に書いたオイラーの呼び方)

## §14　恐るべき片眼の計算鬼

　前章でたびたび触れたように,フェルマーの孤高のパスをおよそ1世紀の時をへだて,南フランスからはるかに離れたペテルスブルクとベルリンにおいてがっちりと受け止めたのは,史上最大の数学者の1人,天才レオンハルト・オイラーでした.スイスのバーゼルにおいて,数学も得意なカルヴィン派の牧師の家に生まれ,ベルヌーイ一族との交流の中で一流の数学者に育っていきました.17歳でバーゼル大学の学位をとり,20歳のときペテルスブルク(今のサンクト・ペテルブルグ)のアカデミーに招かれました.

　彼の招聘に力を尽くしたダニエル・ベルヌーイ(Daniel Bernoulli；1700-82)がスイスに移った後,その後任として数学教授職に就任します.ここで彼は優れた数学者ゴルトバッハと知り合い,フェルマーの数論の業績を教えられて数論に興味を抱くようになりました.30歳の頃,病気のために右眼を失明しましたが,多くの優れた研究論文や教科書を書き続けて「数学のキュクロープス」(Cyclops；ギリシア神話に現れるシチリア島の一つ眼巨人族），いわば"独眼竜"と呼ばれたのでした．

34歳から59歳まで，フリードリッヒ大王に招かれてベルリン・アカデミーに移ります．59歳で再びペテルスブルクに戻りましたが，間もなく左眼も失明しました．大火で家財を失ったり，妻に先立たれたりして不遇な晩年でしたが，数学に対する意欲は全く衰えを見せず，召使に口述筆記をさせるなどして，後世に残る名教科書の数々や，画期的な研究論文を数多く残したのです．

1783年9月18日，ペテルスブルクにおいて気球の上昇を論じ，まだ発見者ハーシェル(Frederick William Herschel；1738-1822)の名前で呼ばれていた天王星の軌道を論じた後，家族と食事をして孫と遊んでいる時に脳卒中の発作に襲われて76年の生涯を閉じました．彼の全集はスイス数学会の重要な仕事として継続して順次刊行されていますが，シリーズⅠ「数学編」，シリーズⅡ「力学・天文編」，シリーズⅢ「物理・雑纂編」，シリーズⅣ・A「書簡編」，シリーズⅣ・B「手稿編」に分類され，シリーズⅠ，Ⅱ，Ⅲは生誕300年までに完成したものの，シリーズⅣはなお刊行途中です．特にシリーズⅣ・Bに至っては，いつ完結するのか全くわかりません．

多くの著書において，現在の記号とほとんど同じ記号法を導入してその普及に功績がありました．たとえば，円周率 $\pi$，自然対数の底 $e$，虚数単位 $i$ などはいずれもオイラーが初めて使ったか，彼の教科書に採用されて広く普及したものです(**図4**)．なお，ここで出てきた3つの数は数学と科学における最も重要な定数ですが，これに最も基本的な数0と1を加えてできる関係式，

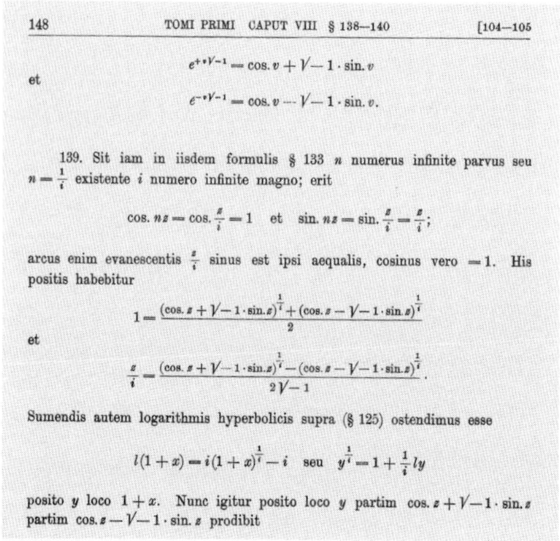

148 TOMI PRIMI CAPUT VIII § 138—140 [104—105

$$e^{+v\sqrt{-1}} = \cos. v + \sqrt{-1} \cdot \sin. v$$

et

$$e^{-v\sqrt{-1}} = \cos. v - \sqrt{-1} \cdot \sin. v.$$

139. Sit iam in iisdem formulis § 133 $n$ numerus infinite parvus seu $n = \frac{1}{i}$ existente $i$ numero infinite magno; erit

$$\cos. nz = \cos. \frac{z}{i} = 1 \quad \text{et} \quad \sin. nz = \sin. \frac{z}{i} = \frac{z}{i};$$

arcus enim evanescentis $\frac{z}{i}$ sinus est ipsi aequalis, cosinus vero $= 1$. His positis habebitur

$$1 = \frac{(\cos. z + \sqrt{-1} \cdot \sin. z)^{\frac{1}{i}} + (\cos. z - \sqrt{-1} \cdot \sin. z)^{\frac{1}{i}}}{2}$$

et

$$\frac{z}{i} = \frac{(\cos. z + \sqrt{-1} \cdot \sin. z)^{\frac{1}{i}} - (\cos. z - \sqrt{-1} \cdot \sin. z)^{\frac{1}{i}}}{2\sqrt{-1}}.$$

Sumendis autem logarithmis hyperbolicis supra (§ 125) ostendimus esse

$$l(1+x) = i(1+x)^{\frac{1}{i}} - i \quad \text{seu} \quad y^{\frac{1}{i}} = 1 + \frac{1}{i} ly$$

posito $y$ loco $1 + x$. Nunc igitur posito loco $y$ partim $\cos. z + \sqrt{-1} \cdot \sin. z$ partim $\cos. z - \sqrt{-1} \cdot \sin. z$ prodibit

**図 4**　オイラー『無限解析入門』(1748)の，オイラーの公式が書かれたページ(オイラー全集より)

$$e^{\pi i} + 1 = 0$$

にオイラーの偉大さが凝縮されていると論ずる人もいます．これはもちろん，いわゆるオイラーの公式

$$e^{xi} = \cos x + i \cdot \sin x$$

によって指数関数と三角関数を，虚数単位 $i$ を媒介として統一的に捉えたことによる成果です．$x=\pi$ とおけば上記の関係式になります．彼は本来楽天家だったので，虚数だろうと何だろうと便利なものはどんどん取り入れて利用したのです．リーマンの $\zeta$（ゼータ）関数と呼ばれる，数論における最も基本的な関数の導入も彼の功績です．

これは

$$\zeta(s) = 1/1^s + 1/2^s + 1/3^s + \cdots + 1/n^s + \cdots = \sum_{n=1}^{\infty} n^{-s}$$

によって定義される関数です．オイラーは $s$ を実数の範囲で考えて，この一見何の変哲もない整数に関する総和の式を，素数に関する積の公式に転換してしまう基本的な等式「オイラー積」(定理 10)を発見しました．そして生涯にわたって $\zeta(2k)$ の計算を実行し，$1 \leqq k \leqq 15$ に及んだのでした．

また後にガウスによって「黄金定理」と呼ばれ，8 種類もの異なる証明を与えられて，それこそ宝石のように大切にされたいわゆる「平方剰余の相互法則」もオイラーが発見したものです．図形についての基本的な関係式「オイラーの多面体定理」(「オイラー標数」という言葉にその重要性が伺われます)を発見し，一筆書きのできるための条件を示したりして，グラフ理論の創始者とも言われます．また特に解析学に多大の貢献をし，微分・積分や無限級数の膨大な計算をする一方で，「解析三部作」と呼ばれる名教科書，『無限解析入門(全 2 巻；1748)』，『微分学教程(1755)』，『積分学教程(全 3 巻；1768-70)』をまとめて，「関数」概念を数学の中心に据えて，初等関数の定義から微分方程式までを見事にまとめました．

微分と積分の教科書の前に『無限解析入門』を著すことになった事情を，オイラーはゴルトバッハへの手紙で次のように書いています．

> 私は無限解析[現在の「微分積分学」]についての完全な論攷[Tractat]を企図した後になって，本質的にはこれに属さず，いかなる所でも扱われていない非常に多くのことがらが残されているのに気付き，そのためにこの著作は無限解析への階梯として成立したのです．(「無限解析入門」というタイトルの新し

**図5** オイラー
(by Handmann；c.1756)

い著作の意図について書き送った書簡（1744.7.4）より）

他にも「変分法」の開発をしたり，力学の教科書『力学（全2巻；1736）』において，ニュートン力学を，微分積分学を使った形に書き換えるなど，まさに超人ぶりを発揮したのでした．オイラー数，オイラーの微分方程式，オイラーの定理，オイラーの公式，オイラーの角，オイラーの$\varphi$関数，…と，彼の名前を冠して呼ばれるものが様々な分野にわたって極めて沢山あります．

数論におけるフェルマーの問いかけに初めて正面から取り組んだのがオイラーで，フェルマーの最終定理の$n=3, 4$のときの証明に成功し，$4n+1$の形の素数に関するフェルマーの言明（**すばらしいアイディア⑪参照**）に厳密な証明を与え，フェルマーの小定理を大幅に拡張してフェルマー・オイラーの定理を示し，6番目のフェルマー数$F_5$が合成数であることを証明し，メルセンヌ数$M_{31}=2^{31}-1$が素数であることを証明し，…と，フェルマーに関係した業績だけを拾っても枚挙にいとまがありません．オイラーこそは，じつにフェルマーが掲げた近代的数論への謎に満ちた招待状に導かれて，美しい数論の花園に踏み込み，驚くほど内容を豊かにした人物なのです（**図5**）．その著書と論文は豊かなアイディアに富み，随所にインスピレーションがきらめき，疲れを知らない膨大な計算に満ち，そして何よりも数学をすることの喜びに満ちています．

30代初めに病気で片眼を失ったのに，残った片眼で前にもまして計算を続け，遂には60歳で両眼を失った後もなお計算をやめま

せんでした．伝えられる所では，彼は暗算で複雑な級数の17項もの和を小数点以下50桁まで正確に計算することができたといいます．また彼は死ぬ直前まで計算を楽しんだようです．すなわち1783年9月18日の午後，軽く計算をした後家族と食事をし，発見されてまだ間もない天王星の軌道計算を楽しんだ後で，孫たちと遊んでいるときに発作に襲われ，手にしていたパイプが落ちて「彼は生きることと計算することを中止した(同時代の数学者コンドルセのオイラーへの讃辞)」と伝えられています．正に怪物，想像を絶する計算鬼に他なりません．当時の人たちが尊敬と畏怖の念をこめて「数学のキュクロープス」と呼んだ理由がうなずけます．それでは，節を改めてオイラーの片眼が見た世界に案内しましょう．

## §15 オイラーの世界

前節で見た通り，オイラーの最大の業績の1つがゼータ関数 $\zeta(s)$ の導入とその展開でした．そこでまず $\zeta(s)$ がどのようにして素数と関係してくるのかという疑問に答えることから始めましょう．その準備も兼ねて，「調和級数」と呼ばれる $\zeta(1)=1/1+1/2+1/3+\cdots+1/n+\cdots=\sum_{n=1}^{\infty} n^{-1}$ が発散することを確認し(**すばらしいアイディア⑦**)，その後でオイラーの定理(定理9)を述べ，その証明を次のコラム(**すばらしいアイディア⑧**)で紹介します．

★(調和級数の発散)

$\zeta(1)=\dfrac{1}{1}+\dfrac{1}{2}+\dfrac{1}{3}+\cdots+\dfrac{1}{n}+\cdots=\sum_{n=1}^{\infty} n^{-1}$ は発散する．

### すばらしいアイディア 7

## 調和級数が発散することの証明
## 14世紀のニコール・オレム vs 21世紀の最新版

一弦琴（mono-chord）の弦の一端から，順に長さ 1/2, 1/3, 1/4 の点を押さえて，弦の残りの部分を弾くと，順に元の音と8度（すなわち1オクターブ），5度，4度だけ高い協和音が出ます．そこで，逆数が等差数列になっている数列を「**調和数列**（harmonic sequence）」といいます．また，自然数 1, 2, 3, 4, … の逆数を ＋ 記号でつなげた級数を「**調和級数**（harmonic series）」と呼びます．14世紀にフランスで活躍し，後にリジューの司教になったニコール・オレム（Nicole Oresme；c.1320-82）は史上初めてこの無限級数に挑み，発散することを証明しました．この最古の証明は，現在の厳密性の基準は満たしていませんが，その後現れたたくさんの証明のどれよりもエレガントです．その証明と，最近発見された見事な証明を，ここでまとめて紹介します．

（**ニコール・オレムの証明**） 調和級数に果敢に挑み，無限大に発散することを証明した最古の証明は次のように進む．

$$H = 1 + \frac{1}{2} + \left(\frac{1}{3} + \frac{1}{4}\right) + \left(\frac{1}{5} + \cdots + \frac{1}{8}\right) + \frac{1}{9} + \cdots$$
$$> 1 + \frac{1}{2} + \left(\frac{1}{4} + \frac{1}{4}\right) + \left(\frac{1}{8} + \cdots + \frac{1}{8}\right) + \frac{1}{9} + \cdots$$
$$= 1 + \frac{1}{2} + \frac{1}{2} + \frac{1}{2} + \cdots$$

となり，1/2 が限りなく加わるので，$H$ は無限に大きくなると結論づける．ポイントは，分母が2のベキ乗（$1/2^k$）になるところ毎に括弧でくくり，括弧の中の $2^{k-1}$ 個の項を最後の（すなわち最小の）$1/2^k$ とするところである．このときどの括弧も $2^{k-1}/2^k = 1/2$ になる．

（**最新の証明**）

$$H = \sum_{n=1}^{\infty} \frac{1}{n} = \sum_{n=0}^{\infty} \left\{ \frac{1}{(2n+1)} + \frac{1}{(2n+2)} \right\}$$

$$\geq \sum_{n=1}^{\infty} \frac{2}{\sqrt{(2n+1)(2n+2)}} > \sum_{n=0}^{\infty} \frac{2}{\sqrt{(2n+2)(2n+2)}}$$
$$= \sum_{n=0}^{\infty} \frac{2}{(2n+2)} = \sum_{n=0}^{\infty} \frac{1}{(n+1)} = H$$

となる．$\geq$ は「相加平均 $\geq$ 相乗平均」の不等式で，次の $>$ は分母を大きくしたことによる不等式である．もしも $H = \sum_{n=1}^{\infty} \frac{1}{n}$ が有限だと仮定すると，$H>H$ という結論は明らかに矛盾になる．これはプラザによる証明である．(Ángel Plaza, "The Generalized Harmonic Series Diverges by the AM-GM Inequality", Mathematics Magazine, Vol. 91, p. 217; 2018 June)

彼はほとんど同じ時期にもう1つの新証明を別の雑誌に発表しました．正の数 $a$ と $b$ との「調和平均」$c$ は，$\frac{1}{c} = \frac{1}{2}\left(\frac{1}{a} + \frac{1}{b}\right)$ と定義されます．「相加平均 $\geq$ 相乗平均」の代わりに，「相加平均 $\geq$ 調和平均」を使います．$H = \sum_{n=1}^{\infty} \frac{1}{n} = \sum_{n=0}^{\infty} \left\{\frac{1}{(2n+1)} + \frac{1}{(2n+2)}\right\}$ までは同じで，この先が，

$$\geq \sum_{n=1}^{\infty} \frac{4}{4n+3} > \sum_{n=0}^{\infty} \frac{4}{4n+4} = \sum_{n=0}^{\infty} \frac{1}{n+1} = H$$

となって矛盾になるという証明です．(ditto, "The Harmonic Series Diverges", American Mathematical Monthly, Vol. 125, p. 222; 2018 March) どちらもシンプルで味わい深いですね．

続いてオイラーの定理です．

**定理9**（オイラーの定理）

$\sum_{p:\text{素数}} \frac{1}{p}$ と $\prod_{p:\text{素数}} \frac{1}{1-\frac{1}{p}}$ は発散する．

(以下，$p$ と書いたら素数を表す．したがってこの定理の記号はあらゆる素数についての総和と総乗を表す．)

### すばらしいアイディア 8
### オイラーの定理の証明

$x \geqq 2$ なる実数 $x$ に対して $S(x) = \sum_{p \leqq x} \dfrac{1}{p}$, $P(x) = \prod_{p \leqq x} (1-1/p)^{-1}$ とおく．$2^m > x$ なる自然数 $m$ をとる．$(1-1/p)^{-1} = \sum_{n=0}^{\infty} (1/p)^n$ だから，$P(x) > \prod_{p \leqq x} (1+1/p+1/p^2+\cdots+1/p^m)$ となる．この右辺を展開すると，分母には $x$ 以下の素数 $p$ の $m$ 乗以下のベキたちの積がすべて顔を出す．$m$ の取り方から $x$ 以下の自然数 $n$ はすべて分母に現れるから，$P(x) > \sum_{n \leqq x} 1/n$ となるが，右辺は $x \to \infty$ のとき発散する調和級数であるから，定理の無限積 $P(x)$ は発散する．

なお図 6 を見ると，$\sum_{n \leqq x} 1/n > \int_1^{[x]+1} \dfrac{1}{t} dt = \log([x]+1) > \log x$ となることがわかるから $P(x)$ が発散することの別証明になる．

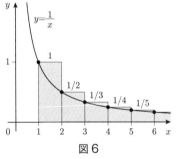

図 6

また $\log(1-t)$ のマクローリン展開より，$0 < t < 1$ に対して

$(*) \quad \log(1-t) + t = -t^2/2 - t^3/3 - t^4/4 - \cdots > -t^2/2(1-t)$

であるから，

$$\log P(x) - S(x) = -\sum_{p \leqq x} \{\log(1-1/p) + 1/p\}$$
$$< \sum_{p \leqq x} 1/\{2p^2(1-1/p)\} = \sum_{p \leqq x} 1/\{2p(p-1)\}$$

$$< \sum_{n=2}^{\infty} 1/\{2n(n-1)\} = (1/2) \sum_{n=2}^{\infty} \{1/(n-1)-1/n\}$$
$$= 1/2$$

よって，$S(x) > \log P(x) - 1/2$ となり定理の無限級数 $S(x)$ も発散することがわかる． ∎

参考までに，当時の数学の実像を見るために，この定理とそれに関連した定理を証明したオイラーの論法を紹介することにします．オイラーは，1737年の無限級数を扱った論文において，ゴルトバッハが見つけた定理を紹介した後で，それに関連した定理を次々に証明しています．オイラーにしたがって証明を読んでいくと，思わず嬉しくなるような楽しい場面が出てきます．オイラーが楽しみながらさらさらと書いた証明を読む喜びを味わって下さい．

### すばらしいアイディア 9

#### オイラー自身の論法

オイラーはこの論文 "Variae observationes circa series infinitas（無限級数についての種々の観察）" の定理1として，ゴルトバッハが見つけた定理を証明しています．ゴルトバッハの定理は，

$$\sum_{m>1,\ n>1} \frac{1}{m^n - 1} = 1$$

というものです．1より大きい整数の，1より大きいベキ乗から1を引いた数の逆数の総和が1に等しいという面白い発見です．ゴルトバッハはこれを1729年4月の手紙でダニエル・ベルヌーイに知らせています．オイラーが1732-33年に書いた論文では，彼はまだこの定理を知らないようですが，この論文でオイラーはこれをゴルトバッハから聞いたと書いています．まずオイラーによるこの定理の証明を味わいましょう．調和級数を，

$$x = 1 + \frac{1}{2} + \frac{1}{3} + \frac{1}{4} + \frac{1}{5} + \frac{1}{6} + \frac{1}{7} + \frac{1}{8} + \frac{1}{9} + \cdots$$

と書きます．この発散級数から初項 $\frac{1}{2}$，公比 $\frac{1}{2}$ の等比級数，

$$1 = \frac{1}{2} + \frac{1}{4} + \frac{1}{8} + \frac{1}{16} + \frac{1}{32} + \frac{1}{64} + \frac{1}{128} + \cdots$$

を引くと，次のようになります：

$$x - 1 = 1 + \frac{1}{3} + \frac{1}{5} + \frac{1}{6} + \frac{1}{7} + \frac{1}{9} + \frac{1}{10} + \frac{1}{11} + \cdots$$

今度はここから別の等比級数(初項 $\frac{1}{3}$，公比 $\frac{1}{3}$)，

$$\frac{1}{2} = \frac{1}{3} + \frac{1}{9} + \frac{1}{27} + \frac{1}{81} + \frac{1}{243} + \cdots$$

を引くと，次のようになります：

$$x - 1 - \frac{1}{2} = 1 + \frac{1}{5} + \frac{1}{6} + \frac{1}{7} + \frac{1}{10} + \frac{1}{11} + \frac{1}{12} + \cdots$$

そこでまた別の等比級数(初項 $\frac{1}{5}$，公比 $\frac{1}{5}$)，

$$\frac{1}{4} = \frac{1}{5} + \frac{1}{25} + \frac{1}{125} + \frac{1}{625} + \cdots$$

を引くと，次のようになります：

$$x - 1 - \frac{1}{2} - \frac{1}{4} = 1 + \frac{1}{6} + \frac{1}{7} + \frac{1}{10} + \frac{1}{11} + \frac{1}{12} + \cdots$$

次はここから初項 $\frac{1}{6}$，公比 $\frac{1}{6}$ の等比級数，

$$\frac{1}{5} = \frac{1}{6} + \frac{1}{36} + \frac{1}{216} + \frac{1}{1296} + \frac{1}{7776} + \cdots$$

を引き，さらに $x$ から次々に引いた式の右辺の第 2 項(1 の次の項)を初項および公比とする等比級数を順に引いて行くと，最終的に($\infty - \infty$ ですが)，

$$x - 1 - \frac{1}{2} - \frac{1}{4} - \frac{1}{5} - \frac{1}{6} - \frac{1}{9} - \frac{1}{10} - \frac{1}{11} - \cdots = 1$$

となり，移項すると，

$$x - 1 = 1 + \frac{1}{2} + \frac{1}{4} + \frac{1}{5} + \frac{1}{6} + \frac{1}{9} + \frac{1}{10} + \frac{1}{11} + \cdots$$

となります．右辺に現れた分数の分母は，$m^n - 1$ ($m > 1$, $n > 1$) の形をしていないものだけなので，$x - \sum_{m>1,\, n>1}^{\infty} \frac{1}{m^n - 1}$ と書けま

す．よって，$\sum_{m>1,\,n>1}^{\infty}\dfrac{1}{m^n-1}=1$ です．発散する調和級数から引いた結果が等しいので，引いた値そのものが等しいという論理です．今はこの証明のままでは使えませんが，面白いところに目をつけたものですね．等比数列の和が $\sum_{n\geqq 1}^{\infty}\dfrac{1}{m^n}=\dfrac{1}{m-1}$ となることをうまく利用して，右辺に残った分数の分母に 1 を加えたものの逆数のベキ乗をすべて引き去るのです．

これはゴルトバッハのアイディアでしたが，ここからオイラーの一人旅が始まります．分母が「偶数の高次のベキ乗$-1$」のときには，

$$\sum_{m\geqq 1,\,n>1}^{\infty}\dfrac{1}{(2m)^n-1}=\dfrac{1}{3}+\dfrac{1}{7}+\dfrac{1}{15}+\dfrac{1}{31}+\dfrac{1}{35}+\dfrac{1}{63}+\cdots=\log 2$$

となり(定理 2)，分母を「奇数の高次ベキ$\pm 1$ であって 4 の倍数」とすると，「高次ベキ$+1$」のときは符号 $+$，「高次ベキ$-1$」のときは符号 $-$ とし

$$\sum_{m\geqq 1,\,n>1}^{\infty}\dfrac{1}{(2m+1)^n\pm 1}=1-\dfrac{1}{8}-\dfrac{1}{24}+\dfrac{1}{28}-\dfrac{1}{48}-\dfrac{1}{80}-\dfrac{1}{120}\mp\cdots$$
$$=\dfrac{\pi}{4}$$

となります(定理 3)．続いて証明なしで，分母を「奇数の平方$-1$」とすると，

$$\sum_{m\geqq 1}^{\infty}\dfrac{1}{(2m+1)^2-1}=\dfrac{1}{8}+\dfrac{1}{24}+\dfrac{1}{48}+\dfrac{1}{80}+\dfrac{1}{120}+\dfrac{1}{168}+\cdots=\dfrac{1}{4}$$

になると述べ，この事実と定理 3 から，分母を「奇数の高次奇数乗$\pm 1$ かつ 4 の倍数」として，「奇数乗$+1$」のときは符号 $+$，「奇数乗$-1$」のときは符号 $-$ としたとき，等式

$$\sum_{m\geqq 1,\,n\geqq 1}^{\infty}\dfrac{1}{(2m+1)^{2n-1}\pm 1}=\dfrac{1}{28}-\dfrac{1}{124}+\dfrac{1}{244}+\dfrac{1}{344}\pm\cdots$$
$$=\dfrac{\pi}{4}-\dfrac{3}{4}$$

を示しています(定理 4)．この定理の系として，$\dfrac{1}{28}\fallingdotseq\dfrac{\pi}{4}-\dfrac{3}{4}$ か

ら,「アルキメデスが使った」円周率の近似式, $\pi \fallingdotseq \dfrac{22}{7}$ を挙げます.もう1つの定理5があって,続いてゴルトバッハが真実だと思いながら証明できなかった定理6,分母が「自然数の4次以上の偶数乗$-1$」であるときの総和が $\dfrac{7}{4} - \dfrac{\pi^2}{6}$ であることを証明しています:

$$\sum_{m>1,\ n>1}^{\infty} \frac{1}{m^{2n}-1} = \frac{1}{15} + \frac{1}{63} + \frac{1}{80} + \frac{1}{255} + \frac{1}{624} + \cdots$$
$$= \frac{7}{4} - \frac{\pi^2}{6}$$

オイラーの証明は,まず「バーゼル問題」の結果を書いた後,定理1と類似のテクニックを用います.すなわち自然数の平方の逆数の総和,

$$\frac{\pi^2}{6} = 1 + \frac{1}{4} + \frac{1}{9} + \frac{1}{16} + \frac{1}{25} + \frac{1}{36} + \frac{1}{49} + \cdots$$

から初項 $\dfrac{1}{4}$,公比 $\dfrac{1}{4}$ の等比級数,

$$\frac{1}{3} = \frac{1}{4} + \frac{1}{16} + \frac{1}{64} + \frac{1}{256} + \frac{1}{1024} + \cdots$$

を引いて,分母が4のベキ乗になる項をすべて消し去ります.これによって,分母が16, 64, … のベキ乗になる項もすべて消えます.次に別の等比級数(初項 $\dfrac{1}{9}$,公比 $\dfrac{1}{9}$),

$$\frac{1}{8} = \frac{1}{9} + \frac{1}{81} + \frac{1}{729} + \frac{1}{6561} + \cdots$$

を引き,また別の等比級数(初項 $\dfrac{1}{25}$,公比 $\dfrac{1}{25}$),

$$\frac{1}{24} = \frac{1}{25} + \frac{1}{625} + \frac{1}{15625} + \cdots$$

という具合に次々に等比級数を引くと,

$$\frac{\pi^2}{6} - \frac{1}{3} - \frac{1}{8} - \frac{1}{24} - \cdots = 1$$

となることが分かります.よって,

$$\frac{\pi^2}{6} = 1 + \frac{1}{3} + \frac{1}{8} + \frac{1}{24} + \frac{1}{35} + \frac{1}{48} + \frac{1}{99} + \cdots$$

です.右辺の分母は「平方数$-1$」ですが,$2^2-1$, $3^2-1$, $5^2-1$, $6^2-1$, $7^2-1$, $10^2-1$, $11^2-1$, … と続いていきます.2が出れば,

2 のベキ：4, 8, 16, … は不要，3 が出れば，3 のベキ：9, 27, 81, … は不要，… ということで，2, 3, 5, 6, 7, 10, 11, … と進んでいくのです．

ここでオイラーは定理 4 の証明で用いたものと類似の級数和：
$$\frac{3}{4} = \frac{1}{3} + \frac{1}{8} + \frac{1}{15} + \frac{1}{24} + \frac{1}{35} + \frac{1}{48} + \frac{1}{63} + \frac{1}{80} + \cdots$$
(分母は「自然数($>1$)の平方$-1$」)を持ち出して，差を取ることで証明を終えています．

次にオイラーは定理 7 として，類似の方法によって「オイラー積」(後述の定理 10)に向かう次の定理を証明します．
$$\prod_{p:\text{素数}}^{\infty} \frac{p}{p-1} = \sum_{n:\text{自然数}}^{\infty} \frac{1}{n} = 1 + \frac{1}{2} + \frac{1}{3} + \frac{1}{4} + \frac{1}{5} + \cdots$$

まず定理 1 の証明と同様に調和級数を，
$$x = 1 + \frac{1}{2} + \frac{1}{3} + \frac{1}{4} + \frac{1}{5} + \frac{1}{6} + \frac{1}{7} + \frac{1}{8} + \frac{1}{9} + \cdots$$
と書きます．これを 2 で割ると，
$$\frac{x}{2} = \frac{1}{2} + \frac{1}{4} + \frac{1}{6} + \frac{1}{8} + \frac{1}{10} + \frac{1}{12} + \cdots$$
となり，初めの式からこれを引くと，奇数項だけ残って，
$$\frac{x}{2} = 1 + \frac{1}{3} + \frac{1}{5} + \frac{1}{7} + \frac{1}{9} + \frac{1}{11} + \frac{1}{13} + \cdots$$
となります．この式から，これを 3 で割った，
$$\left(\frac{1}{2}\right)\left(\frac{1}{3}\right)x = \frac{1}{3} + \frac{1}{9} + \frac{1}{15} + \frac{1}{21} + \frac{1}{27} + \cdots$$
を引くと，次のようになります：
$$\left(\frac{1}{2}\right)\left(\frac{2}{3}\right)x = 1 + \frac{1}{5} + \frac{1}{7} + \frac{1}{11} + \frac{1}{13} + \cdots$$
この最後の式を 5 で割って，
$$\left(\frac{1}{2}\right)\left(\frac{2}{3}\right)\left(\frac{1}{5}\right)x = \frac{1}{5} + \frac{1}{25} + \frac{1}{35} + \frac{1}{55} + \cdots$$
となり，元の式からこれを引くと，
$$\left(\frac{1}{2}\right)\left(\frac{2}{3}\right)\left(\frac{4}{5}\right)x = 1 + \frac{1}{7} + \frac{1}{11} + \frac{1}{13} + \frac{1}{17} + \cdots$$

となります．このやり方を続けて，次はこの式からこれを7で割った式を引き，11, 13, 17, …と進めていきます．最初の1以外の分数は次々に消されていくので，最終的には1だけになります．オイラーは証明の最後を，

$$\frac{1\cdot 2\cdot 4\cdot 6\cdot 10\cdot 12\cdot 16\cdot 18\cdot 22\cdots}{2\cdot 3\cdot 5\cdot 7\cdot 11\cdot 13\cdot 17\cdot 19\cdot 21\cdots}x = 1$$

とし，$x$が調和級数の和だから結果は明らかである，と終えています．確かにこの式から，

$$x = \frac{2\cdot 3\cdot 5\cdot 7\cdot 11\cdot 13\cdot 17\cdot 19\cdot 21\cdots}{1\cdot 2\cdot 4\cdot 6\cdot 10\cdot 12\cdot 16\cdot 18\cdot 22\cdots} = \prod_{p:素数}^{\infty} \frac{p}{p-1} = \prod_{p:素数}^{\infty} \frac{1}{1-\frac{1}{p}}$$

となります．

この後にオイラーは証明なしで3つの系を並べます．

**系1** $(2\cdot 3\cdot 5\cdot 7\cdot 11\cdot 13\cdots)/(1\cdot 2\cdot 4\cdot 6\cdot 10\cdot 12\cdots)$の値は無限大であり，絶対無限を$\infty$と書くと，この式は$\log\infty$であろう．

**系2** $(4\cdot 9\cdot 16\cdot 25\cdot 36\cdot 49\cdots)/(3\cdot 8\cdot 15\cdot 24\cdot 35\cdot 48\cdots)$は有限の値2であり，これは平方数よりも無限に多くの素数があることから得られる．

**系3** 素数の個数は整数よりも無限に少なく，また$(2\cdot 3\cdot 4\cdot 5\cdot 6\cdot 7\cdots)/(1\cdot 2\cdot 3\cdot 4\cdot 5\cdot 6\cdots)$の値は絶対無限なので，素数の個数は$\log\infty$である．

この「絶対無限」はここでしか使われない表現ですが，整数の個数，すなわち可算無限$\aleph_0$のことです．また，唐突に対数$\log\infty$が出てくるのも謎めいています．何の説明もないので明確ではありませんが，系3の最後の表現を$\pi(\infty)=\log\infty$（$\pi(x)$は$x$までの素数の個数を表す）と見て，この難解な式を積極的に解釈して，

$$\lim_{n\to\infty} \frac{\frac{\pi(n)}{n}}{\log n} = 1$$

と読み替えて，オイラーは「素数定理」に気づいていたと主張する人もいます（ナルキェヴィッチ（Władysław Narkiewicz；1936-）など）．オイラーは，後にゴルトバッハ宛の手紙（1752.10.28付）でも，またその後の論文（"De Numeris Prinum Valde Magnis（非常

に大きな素数について)"；1764)でも「素数の個数は対数である」と書いているので，少なくともオイラーの直観は「素数」と「対数」との関係を嗅ぎつけたのです．記号がないなりにもう一歩踏み込んだ明確で正確な表現をしていたら，このときが「素数定理発見のとき」になったのかも知れません．しかし，私は上記の読み替えには少し無理があると思います．

この系が終わると，次の定理 8 がリーマンのゼータ関数を無限積で表す「オイラー積」の式です(後述の定理 10)：

$$\sum_{1 \leq n < \infty}^{\infty} \frac{1}{n^s} = \prod_{p:\text{素数}}^{\infty} \frac{1}{1-\frac{1}{p^s}}$$

定理 7 とほぼ同様に証明できますが，オイラーはこれも丁寧に証明しています．この定理の重要性を知っていたからでしょう．

ところで，オイラーが導入したこの左辺の和が「リーマンのゼータ関数」と呼ばれるのは，(1)オイラーにはこれを $s$ の関数と見る考えがなかったこと，(2)オイラーが $s$ を実数としてしか考えなかったのに対し，リーマンは「解析延長」という複素関数論の手法によって，複素平面全体に拡張したこと，という 2 つの理由によるもので，妥当なことでしょう．

この定理の系が 2 つ続き，そこで $s=2$ と 4 のときの無限和を無限積に書き直す式を書いています：

$$\frac{\pi^2}{6} = \frac{2\cdot 2\cdot 3\cdot 3\cdot 5\cdot 5\cdot 7\cdot 7\cdot 11\cdot 11\cdots}{1\cdot 3\cdot 2\cdot 4\cdot 4\cdot 6\cdot 6\cdot 8\cdot 10\cdot 12\cdots}$$

$$= \prod_{p:\text{素数}}^{\infty} \frac{p^2}{(p-1)(p+1)}$$

$$\frac{\pi^4}{90} = \frac{4\cdot 4\cdot 9\cdot 9\cdot 25\cdot 25\cdot 49\cdot 49\cdot 121\cdot 121\cdots}{3\cdot 5\cdot 8\cdot 10\cdot 24\cdot 26\cdot 48\cdot 50\cdot 120\cdot 122\cdots}$$

$$= \prod_{p:\text{素数}}^{\infty} \frac{p^4}{(p^2-1)(p^2+1)}$$

この後，様々な無限積と無限和を並べていますが(定理 9–18)，このあたりはオイラーが楽しみながら書いたに違いありません．そして最後に素数の逆数の和が無限であることを定理 19 としてまとめ，素数の逆数の和はほとんど調和級数の対数のようだと書いて，内容豊かなこの論文を終えました．

次に，リーマンのゼータ関数の収束・発散についてまとめておきましょう．

★ $\zeta(s)=1/1^s+1/2^s+1/3^s+\cdots+1/n^s+\cdots=\sum_{n=1}^{\infty} n^{-s}$ は，$s>1$ のとき収束し，$0<s\leqq 1$ のとき発散する．

［証明］ $t>1$ のとき $1/t^s$ は単調減少だから $\left(\int_n^{n+1}\dfrac{1}{t^s}dt<\right)1/n^s<\int_{n-1}^n\dfrac{1}{t^s}dt$ である．したがって，

$$\sum_{2\leqq n\leqq k} 1/n^s<\int_1^k\dfrac{1}{t^s}dt<\int_1^{\infty}\dfrac{1}{t^s}dt=\left[t^{1-s}/(1-s)\right]_1^{\infty}=1/(s-1)$$

となって，有界だからこの正項級数は収束する．

$s=1$ のときに調和級数 $1/1+1/2+1/3+\cdots$ が発散するから，$s<1$ ならば，なお発散する．（オイラーは $s$ を実数の範囲で考えたが，リーマンは $s$ を複素数に拡張した．複素数のときは，$|s|>1$ のとき収束し，$|s|\leqq 1$ のとき発散する．） ∎

オイラーは 1737 年に，ゼータ関数を素数に関する無限積に書き替える「オイラー積」を発見します．これは数論に期を画するすばらしい発見でした．

**定理 10** （オイラー積）

$$\sum_{1\leqq n<\infty} 1/n^s = \prod_{p:\text{素数}} 1/(1-1/p^s)$$

全自然数の $s$ 乗の逆数の和がすべての素数 $p$ に対して $1-1/p^s$ の逆数の積に等しくなるという定理です．自然数の世界と素数の世界に橋を架ける重大な発見ですが，原理は簡単です．どんな自然数もただ 1 通りに素因数分解ができるという「算術の基本定

理」の言い換えに過ぎません．$1/(1-1/p^s)=1+1/p^s+1/p^{2s}+1/p^{3s}+\cdots$ の各項の分母には，$p^s$ のベキ乗がすべて現れます．別の素数 $q$ だと，$1/(1-1/q^s)=1+1/q^s+1/q^{2s}+1/q^{3s}+\cdots$ となり，これらを掛け合わせると，$1/\{(1-1/p^s)(1-1/q^s)\}=1+1/p^s+1/q^s+1/p^{2s}+1/p^sq^s+1/q^{2s}+\cdots$ の各項の分母には $p$ と $q$ だけを素因数に持つ自然数の $s$ 乗が全部 1 回ずつ現れます．この積を全部の素数に拡張すれば，「算術の基本定理」によって各項の分母に全部の自然数の $s$ 乗が現れるというわけです．

**すばらしいアイディア 10**

**エウクレイデスの素数定理のオイラーによる証明**

定理 10（オイラー積の公式）で $s=1$ にとると，左辺は調和級数の和だから発散する．もしも素数が有限個と仮定すれば，右辺は有限個の積（有限）で，矛盾である．よって素数は無限にある．

これが，エウクレイデスの証明の 2000 年後に得られた証明で，第 3 章**すばらしいアイディア❻**で紹介したゴルトバッハによる証明のすぐ後に得られた史上第 3 番目の証明になります．すばらしい定理に気づけば，エウクレイデスの素数定理の証明は簡単に得られるのです．

やはり見事な証明ですね．このような証明を見ると「算術の基本定理」は深いところで「数論」を支えていることがよくわかります．第 1 章の冒頭に引用した通り，ガウスはこの定理の重要性を深く認識していて，彼の「青春のエロイカ」である大著『数論考究』をこの定理の厳密な証明から始めたのでした．

定理 9，定理 10 の証明のように，整数あるいは素数の理論に解析学を利用することにより新しい展望が得られることがあります．その意味で，定理 10 は，「整数に関する和を素数に関する積に変

換する」ことに止まらず,「数論」と「解析学」を結ぶ大理論, いわゆる「解析的数論」の原型と言う方が正しいのでしょう. この新理論は「ディリクレの素数定理」(§18 参照)の証明と共に脚光を浴び, 数論における最も重要な理論の1つになりました.

その輝かしいステージを切り開き, 準備したのが他ならぬオイラーでした. 考えてみればこのようなことは, まだ生まれたばかりの解析学を大幅に発展充実させていた旗頭であると同時に, フェルマーからのやや過激な招待状に応じて数論の花園を歩き回っていたオイラーにして初めて可能になったのだと言えるでしょう.

$\zeta(s)$ の値を具体的に求めることは難しいのですが, $s=2n$(偶数)のときには, ベルヌーイ数 $B_n$ を使うのが最も便利です. ベルヌーイ数は次のように定義されます.

**定義** $\dfrac{x}{e^x-1} = \sum\limits_{n=0}^{\infty} \dfrac{B_n}{n!} x^n \quad (|x|<2\pi)$

で定義される係数 $B_n$ を**ベルヌーイ数**(Bernoulli number)という.

なお, $\beta_n = (-1)^{n-1} B_{2n}$ をベルヌーイ数と定義する流儀があるので注意が必要である.

**例 16** 定義より, $B_0=1$, $B_1=-1/2$, $B_2=1/6$, $B_3=0$, $B_4=-1/30$, $B_5=0$, $B_6=1/42$, $B_7=0$, $B_8=-1/30$, $B_9=0$, $B_{10}=5/66$, $\cdots$, という具合に求まります.

**問 11** $f(x)=x/(e^x-1)+x/2$ とおくとき, $f(-x)=f(x)$ を示せ. また, これを用いて $B_{2n+1}=0$ $(n>0)$ を示せ.

$B_{2n}$ が求まると, 次のオイラーの定理から $\zeta(2n)$ が求められま

す．たとえば，$\zeta(2)=\pi^2/6, \zeta(4)=\pi^4/90, \zeta(6)=\pi^6/945$ などとなります．

**定理 11** (ゼータ関数値をベルヌーイ数で表すオイラーの定理)

$$\zeta(2n) = (2\pi)^{2n}(-1)^{n-1}B_{2n}/2\cdot(2n)!$$

(証明は省略)

なおオイラーの仕事ぶりを見るために，$\zeta(2)$ と $\zeta(4)$ を少し違う形で計算してみましょう．使うのは，オイラーが与えた次の無限乗積の公式 (S) です．

**定理 12** ($\sin$ の無限乗積の公式)

$$(\text{S}) \quad \sin \pi x = \pi x \prod_{n=1}^{\infty} (1-x^2/n^2)$$

［大雑把な「証明」］ $\sin \pi x = 0$ のすべての解は全整数である．そのうちの 0 を除いた残りは正負の整数をペアで考えて $\pm n$ ($n$ は自然数) と書けるから，$\sin \pi x$ は因数 $(1-x^2/n^2)$ を持つ．これで全部の因数が揃った．$x \to 0$ のとき，$\sin \pi x / \pi x \to 1$ だから (S) が成り立つ (もちろん，関数論によって厳密に証明される)．∎

**例 17** $\zeta(2)=\dfrac{\pi^2}{6}, \zeta(4)=\dfrac{\pi^4}{90}$

［解］ 無限乗積 (S) を用いて $\dfrac{\sin \pi x}{\pi x}$ を展開すると，$x^2$ と $x^4$ の係数は $A=-\sum\limits_{n=1}^{\infty}\dfrac{1}{n^2}, B=\sum\limits_{1\leqq m<n<\infty}\left(\dfrac{1}{n^2m^2}\right)$ となります．他方，$\sin \pi x$ のマクローリン展開の式から

$$\frac{\sin \pi x}{\pi x} = 1 - \frac{\pi^2 x^2}{6} + \frac{\pi^4 x^4}{120} - \frac{\pi^6 x^6}{7!} \pm \cdots$$

ですから，$A=-\dfrac{\pi^2}{6}$, $B=\dfrac{\pi^4}{120}$ と求まります．これより直ちに $\zeta(2)=\dfrac{\pi^2}{6}$ が得られます．また，

$$\sum_{1 \leqq n < \infty} \frac{1}{n^4} = \left(\sum_{1 \leqq n < \infty} \frac{1}{n^2}\right)^2 - 2 \sum_{1 \leqq m < n < \infty} \left(\frac{1}{n^2 m^2}\right)$$

なる関係式から $\zeta(4)=\dfrac{\pi^4}{90}$ を得ます［なお，これらの値は現在ではいわゆるフーリエ級数のパーセヴァルの等式から導くのが最も簡単でしょう］．（解終）

次にオイラーの関数 $\varphi(n)$ を導入しましょう．

**定義** オイラーの関数(Euler's totient function) $\varphi(n)$ を，$\varphi(1)=1$ とし，自然数 $n>1$ に対して $\varphi(n)$ は $1\sim n$ の中で $n$ と互いに素なものの個数として定義する．$\varphi(n)$ は乗法的関数になる，すなわち，$\varphi(1)=1$，かつ $(m,n)=1$ のとき，$\varphi(m\cdot n)=\varphi(m)\cdot\varphi(n)$．また，素数 $p$ に対しては，$\varphi(p)=p-1$, $\varphi(p^n)=p^{n-1}(p-1)$ である．

**例 18** $\varphi(5)=4$, $\varphi(6)=2$, $\varphi(7)=6$, $\varphi(8)=4$, $\varphi(16)=8$, $\varphi(36)=12$, $\cdots$

**補題 V** $\displaystyle\sum_{d|n} \varphi(d) = n$ （和は $n$ のあらゆる正の約数 $d$ を動く）

［証明］ $1\sim n$ を次のようにクラス分けする：この中の自然数 $x$ に対して，$(x,n)=d$ のとき仮に「$x$ は $d$ クラス」という．$d|n$ に対して，$d$ クラスの数は，$x=dx_1$ と書くとき $(x_1, n/d)=1$ であるよ

うな $x_1$ の個数と同じだから，$\varphi$ の定義よりちょうど $\varphi(n/d)$ 個ある．1〜$n$ の数はどれかのクラスに入るから，結局 $\sum_{d|n}\varphi(d)=n$ となる．ところで $d|n$ なる $d$ に対して $n=dk$ とおけば，$d$ が $n$ のあらゆる約数を動けば $k$ も $n$ のあらゆる約数を動くから $\sum_{d|n}\varphi(n/d)=\sum_{d|n}\varphi(d)$ となる． ∎

**例 19** $n=28$ の約数は 1, 2, 4, 7, 14, 28 であり，$\varphi(1)=1$, $\varphi(2)=1$, $\varphi(4)=2$, $\varphi(7)=6$, $\varphi(14)=6$, $\varphi(28)=12$ ですから $\sum_{d|28}\varphi(d)=1+1+2+6+6+12=28$ となります．

さて，いよいよフェルマーの小定理を拡張した「オイラーの定理」を説明するところまでやってきました．話が長くなりそうなので，節を改めることにします．

## §16 オイラーの定理とその応用

オイラーの定理は次のように書けます．

**定理 13**（オイラーの定理）
$(a,n)=1 \Rightarrow a^{\varphi(n)} \equiv 1 \pmod{n}$

［証明］ 1〜$n$ の中に $n$ と互いに素な数は $\varphi(n)$ 個あるから，それらを $r_1, r_2, \cdots, r_{\varphi(n)}$ とする．これらに $a$ を掛けると $ar_1, \cdots, ar_{\varphi(n)}$ は，$n$ を法として互いに非合同である：もしも，$ar_i \equiv ar_j \pmod{n}$ となったとすると，$n|a(r_i-r_j)$ となるが，$(a,n)=1$ だから $n|(r_i-r_j)$．ところが，$r_i$ も $r_j$ も $n$ 以下だから，$i=j$ でなければならない．したがって $ar_i$ は $r_1, r_2, \cdots, r_{\varphi(n)}$ の中のどれか1つ

の数と合同になる．すなわち $\forall i, \exists j;\ ar_i \equiv r_j \pmod{n}$．ここで $i$ を $1$ から $\varphi(n)$ まで動かし，これら $\varphi(n)$ 個の合同式の辺々を掛け合わせると，

$$a^{\varphi(n)} r_1 \cdots r_{\varphi(n)} \equiv r_1 \cdots r_{\varphi(n)} \pmod{n}$$

となる．両辺を $n$ と互いに素な $r_1 \cdots r_{\varphi(n)}$ で割って定理を得る． ∎

**例20** $(a, 6)=1$ ならば，$a^2 \equiv 1 \pmod{6}$，$a^{12} \equiv 1 \pmod{36}$．
$(a, 14)=1$ ならば，$a^{12} \equiv 1 \pmod{28}$，$a^{24} \equiv 1 \pmod{56}$．

さてオイラーの定理によれば，$a$ と $n$ が $(a,n)=1$ を満たせば $a^{\varphi(n)} \equiv 1 \pmod{n}$ ですが，$a$ と $n$ の値によっては必ずしも $\varphi(n)$ 乗しなくとも $1$ と合同になることがあります．たとえば $a=2$ または $6$，$n=7$ のとき，$\varphi(7)=6$ ですが，$2^3 \equiv 1 \pmod{7}$，$6^2 \equiv 1 \pmod{7}$ となります．そこで次の定義をします．

**定義** $a^k \equiv 1 \pmod{n}$ となるような最小の自然数 $k$ を，$a$ の法 $n$ に対する**位数**(order) といって，$\mathrm{ord}_n a$ と表す．

オイラーの定理から $\mathrm{ord}_n a = k \leqq \varphi(n)$ となりますが，じつは法 $n$ に対する位数 $k$ は $\varphi(n)$ の約数になります．少しだけ一般化して，次の補題が成り立ちます．

**補題Ⅵ** $(a,n)=1,\ a^m \equiv 1 \pmod{n} \Rightarrow \mathrm{ord}_n a \mid m$
特に $\mathrm{ord}_n a \mid \varphi(n)$．

［証明］ $m$ を $k = \mathrm{ord}_n a$ で割って，$m = kq + r\ (0 \leqq r < k)$ と表すと，$a^k \equiv 1 \pmod{n}$ より $a^r \equiv a^r \cdot (a^k)^q \equiv a^m \equiv 1 \pmod{n}$ となり，$k$ の最小性から $r=0$ でなければならない． ∎

**例 21**　$n=6$ に対して $5^1=5\equiv -1\,(\mathrm{mod}\,6)$, $5^2=25\equiv 1\,(\mathrm{mod}\,6)$ ですから，法 6 に対する 5 の位数は 2 です：$\mathrm{ord}_6 5=2$.

$n=7$ に対して $3^1=3\equiv 3$, $3^2=9\equiv 2$, $3^3=27\equiv -1$, $3^4=81\equiv 4$, $3^5=243\equiv 5, 3^6=729\equiv 1\,(\mathrm{mod}\,7)$. よって $\mathrm{ord}_7 3=6$ となります. 同様に $\mathrm{ord}_7 2=3$, $\mathrm{ord}_7 5=6$, $\mathrm{ord}_7 6=2$, ….

**定義**　法が素数 $p$ のとき，$p$ と互いに素な数の位数は $p-1$ の約数となるが，特に $\mathrm{ord}_p a=p-1$ となるとき，$a$ を素数 $p$ の**原始根**（primitive root）という.

例 21 より，3 と 5 は 7 の原始根です. 10, 12, 17 なども原始根ですが，法 7 に対して $10\equiv 17\equiv 3$, $12\equiv 5$ なので，これらは本質的には 3 と 5 に代表される原始根になります. この先，原始根と言うとき，「素数 $p$ を法として合同なものは同じ物とみなす」ことにします.

じつは任意の素数 $p$ は，必ず（合同なものを同一視して）$\varphi(p-1)$ 個の原始根を持つことが知られています（補題Ⅶ）. 証明には次のラグランジュの定理を用いますが，この定理と補題の証明は省略します.

**ラグランジュの定理**　$p$：素数，$(a_0,p)=1$ のとき，$n$ 次の合同式 $a_0 x^n+a_1 x^{n-1}+\cdots+a_{n-1}x+a_n\equiv 0\,(\mathrm{mod}\,p)$ の解は合同なものを同じとみて，高々 $n$ 個である.

**補題Ⅶ**　$k|(p-1)$ のとき，$k$ 乗して初めて法 $p$ に対して 1 と合同になる数 $a$ は合同なものを除いて $\varphi(k)$ 個ある. 特に，素数 $p$ の原始根は必ず存在する.

**補題Ⅷ**　$m^2+1$ の奇数の素因数 $p$ は $p\equiv 1\,(\mathrm{mod}\,4)$ を満たす.

**図7** オイラーの筆跡(1765.7.20 の手紙)

**補題IX** $p \equiv 1 \pmod{4}$ なる任意の素数は,適当な $m$ に対し $m^2+1$ の約数になる(ただし $1 < m \leqq p-1$).

これで準備が整ったので,いよいよ次の定理を証明しましょう.フェルマーが言明し,オイラーが証明に成功した,いわくつきの大定理です.

**定理14** (フェルマー – オイラーの定理)

$p \equiv 1 \pmod{4}$ なる素数は2つの平方数の和として表せる.

[証明] 補題 IX より $1 < \exists m < p$; $p | m^2+1$, すなわち,$m^2 \equiv -1 \pmod{p}$ となる.自然数 $k$ を $(k-1)^2 < p < k^2$ となるようにとる.さて,$x$ と $y$ にそれぞれ 0 から $k-1$ までのすべての自然数を代入して,$k^2$ 個の整数 $x - my$ を作る.$k$ の取り方より,$p$ 個より多い個数の整数ができるから明らかに mod $p$ で同じ同値類になってしまうものがある.すなわち

$$x_1 - my_1 \equiv x_2 - my_2 \pmod{p}$$

となるから，$x_1 - x_2 \equiv m(y_1 - y_2) \pmod{p}$．ここで $x_1, x_2, y_1, y_2$ はいずれも $0$ から $k-1$ までの数だから不等式

$$|x_1 - x_2| \leqq k-1, \quad |y_1 - y_2| \leqq k-1$$

が成り立つ．よって，$0 < (x_1 - x_2)^2 + (y_1 - y_2)^2 \leqq 2(k-1)^2 < 2p$ となる．

ところで $(x_1 - x_2)^2 + (y_1 - y_2)^2 \equiv (m^2 + 1)(y_1 - y_2)^2 \equiv 0 \pmod{p}$ であるから，$(x_1 - x_2)^2 + (y_1 - y_2)^2$ は $0$ と $2p$ の間にあって $p$ で割り切れる数となり $(x_1 - x_2)^2 + (y_1 - y_2)^2 = p$ となる．すなわち $p$ は確かに $2$ つの平方数の和になる． ∎

この美しい定理に，20世紀の終わりになって見事な証明が与えられました．このすばらしい証明をコラムで紹介します．

---

**すばらしいアイディア 11**

### フェルマー‐オイラーの定理の"ワン・センテンス証明"

「$p \equiv 1 \pmod{4}$ なる素数は $a^2 + b^2$ の形に書ける」というフェルマーが見つけた定理は，20世紀前半の代表的な数学者であるハーディー（Godfrey Harold Hardy；1877-1947）がその著書『一数学者の弁明』で，「エウクレイデスの素数定理」，「ピュタゴラスの定理」を論じる中で，「もう1つの有名で美しい定理」と評価した第一級の定理です．すばらしい定理にはすばらしい証明が見つかるものです．1990年に，才人ザギアー（Don Zagier；1951-）は「ワン・センテンス証明」を発表して周囲をアッと言わせました．これを紹介します．この証明に現れる「インヴォリューション（involution；対合）」は2度繰り返すと元に戻る関数のことです．（たとえば $f(x) = 1 - x$ とおくと，$f(x)$ を2度繰り返すと $f \circ f(x) = 1 - (1 - x) = x$ となって，元に戻ります．）

[証明] 有限集合 $S=\{(x,y,z)\in \mathbb{N}^3: x^2+4yz=p\}$ で定義されたインヴォリューション：

$$(x,y,z) \to \begin{cases} (x+2z,\ z,\ y-x-z) & x<y-z \text{ のとき} \\ (2y-x,\ y,\ x-y+z) & y-z<x<2y \text{ のとき} \\ (x-2y,\ x-y+z,\ y) & x>2y \text{ のとき} \end{cases}$$

はちょうど 1 つの不動点を持つので，$|S|$ は奇数であり，$(x,y,z) \to (x,z,y)$ で定義されるインヴォリューションもまた不動点を持つ．

これを読んですぐにわかることは，確かに「ワン・センテンス」だということだけですね．ゆっくり考えないと，本当に証明になっていることは見えてきません．ここで出てきた関数を $\alpha$ と書きましょう．これは自然数 3 つの組 $\mathbb{N}^3$ の部分集合 $S$ を 3 つに分けます．$\alpha$ の定義式から，$S_1=\{(x,y,z)\in S; x<y-z\}$, $S_2=\{(x,y,z)\in S; y-z<x<2y\}$, $S_3=\{(x,y,z)\in S; x>2y\}$ です．等号が入っていないことが心配になりますが，$y-z=x$ のときには $x^2+4yz=(y+z)^2$ なので $x^2+4yz$ は素数になりません．また，$x=2y$ のときは，$x^2+4yz=4y(y+z)$ となって，やはり $x^2+4yz$ は素数になりません．$x^2+4yz=p$（素数）という条件から等号は成り立たないのです．ここで定義を確かめると，$\alpha(S_1)=S_3$, $\alpha(S_2)=S_2$, $\alpha(S_3)=S_1$, であることがわかります．したがって $\alpha$ の不動点は $S_2$ の中にあります．すなわち $(x,y,z)=(2y-x,\ y,\ x-y+z)$ ですから，$x=y$ です．このとき $x^2+4yz=x(x+4z)=p$（素数）なので，不動点は $x=y=1$, $z=(p-1)/4$ と決まってしまいます．これ以外のすべての点は，$\alpha(P)=Q$, $\alpha(Q)=P$ ($P\neq Q$) となって，常にペアで現れますから，その数は偶数個です．よって $|S|$ は奇数です．証明の最後に現れたインヴォリューション $(x,y,z)\to(x,z,y)$ を $\beta$ と書くと，唯一の不動点で $y=z$ なので，$p=x^2+4yz=x^2+4y^2=x^2+(2y)^2$ となって，素数 $p$ は確かに 2 つの平方数の和として書けたことになります．

「ワン・センテンス」にすべての情報が書かれているけれど，これを完全に理解するのはかなり大変でした．

さてオイラーにつきあって，話が随分難しくなってしまいました．このあたりで話題を変えて，史上最大の天才少年に登場してもらうことにしましょう．

# 第5章 "数学者の王" ガウス

> 彼をきわだたせているのは，50年以上にわたって絶え間なく行われた実りある科学への貢献である．彼は一般人の近寄りがたい領域，非常に能力ある学者でも，最大限の努力を払ってようやく到達しうる領域で仕事をした．したがって彼は，一般大衆にはほとんど知られていないのである．彼はたった1人で独創的な発見をつぎつぎとこなしていった．（ダニングトン『ガウスの生涯』，銀林・小島・田中訳，東京図書）

## §17 話す前から計算していた天才少年

いよいよ史上最大の数学者と言われるガウスの話をする所までやってきました．17世紀にフェルマーが正しい発展の方向を示し，18世紀にオイラーやラグランジュ(Joseph Louis Lagrange；1736-1813)が実り豊かにした近代的数論を，解析学や幾何学とならぶ真の科学に高めたのが，まさに"王者"ガウスに他なりません．その具体的な内容は順に述べることにして，まず生涯をざっと追ってみましょう．

カール・フリードリヒ・ガウス(Carl Friedrich Gauss；1777-1855)は1777年4月30日中部ドイツのブラウンシュヴァイク(ハノーヴァーから40 kmほど東)に生まれました．父ゲプハルト・ディートリッヒ(Gebhard Dietrich Gauss；1744-1808)は学問には全く興味のない職工長で，水道工事の親方の称号を持ち，季節によって煉瓦工や造園業などをしていました．葬儀関係の会社の会計を任されるほど計算もできたそうです．母ドロテア(Dorothea Benze；

1742-1839)はゲブハルトの前妻が病死した後で再婚した2度目の妻でしたが，ほとんど字も読めない平凡な主婦でした．カール少年は厳しい父にはなつかなかったのですが，心やさしい母は終生大事にし，特に97歳で長寿を全うして亡くなるまでの最後の22年間をゲッティンゲン天文台の宿舎に引き取って面倒を見ています．

　後年ガウスはよく，笑いながら次のような話をしたといいます．夏の間父は煉瓦職人の親方の仕事をしていて，土曜日ごとに給料を計算して職人たちに渡していました．あるとき脇で父の計算するのを聞いていた3歳のカール少年が「とうちゃん，ちがってるよ」と言って別の数字を示したそうです．驚いて父が丁寧に計算し直してみるとカールの言った数字が正しかったというのです．老ガウスはこの話の後で，いつも「僕はしゃべるよりも早くから計算していたのだよ」と言ったそうです．

　もう1つ，老ガウスが好んで回想したのは9歳の頃聖カタリーナ小学校のビュットナー先生(J. B. Büttner)のクラスでの出来事でした．算数の時間に，100人もいる生徒たちに先生は「1から100までの数を足しなさい」という問題を出したところ，カール少年はたちまちブラウンシュヴァイクなまり丸出しで「できた！(Ligget se！　標準語ではDa liegt sie!)」と言って石盤に答を書いて提出し，他の生徒が必死で計算しているのを尻目に静かに座っていたといいます．

　全員が提出し終って先生が確かめてみると，苦闘の跡を留めている多くの答が違っているのに，カール少年の石盤には正しい答5050だけが書かれていたのでした．先生は驚いて，どうやって計算したのかカールに聞いたところ，「1と100で101になり，2と99でも101になり，…，50と51でも101になる．同じ数101が

50個できるから答は5050です」と答えたそうです.

　先生はカールにはもう何も教えることがないことを知り,彼のためにもっと難しい教科書を取り寄せたり,数学の得意な助手のバーテルス(Johann Christian Martin Bartels；1769-1836)を付けたりしました.カールよりも8歳年上のこの若い助手は必死になって数学を教え,また一緒に数学を勉強しました.この経験はバーテルスにとっても幸運だったようで,後に彼はカザン大学の数学教授になっています.

　1788年に,カールは父の意に反してカタリーナ・ギムナジウムに進み,数学と古典語に著しい進境を見せました.数学教師のヘルヴィヒ(Hörwig)はこんなに才能に恵まれた生徒は私の授業に出席しなくてもよいと書きました.バーテルスの紹介でカールはコレギウム・カロリヌム(現在のブラウンシュヴァイク工科大学)の教授ツィンマーマン(Eberhard A. Wilhelm von Zimmermann；1743-1815)と知り合います.この少年の才能に驚いた教授は早速ブラウンシュヴァイクの領主フェルディナント公(Karl Wilhelm Ferdinand；1735-1806)に引き合わせ,フェルディナント公は1791年以来終生ガウスのよきパトロンとなりました.翌1792年カール少年はコレギウム・カロリヌムに入学しますが,そのときヨハン・カール・フリードリヒ・ガウスと署名しています.ヨハンと書いたのはこれが最後です(教会の洗礼の記録にはGebhard Diterich Gaussの子供Johann Friderich Carlが誕生と見えます(**図8**)).

　このコレギウムの時期にはニュートン,オイラー,ラグランジュらの古典的著作を集中的に研究しています.そしてすでに世紀の大発見「素数定理」の予測をしていますが,これについては次節で詳しく説明します.この時期に「最小2乗法」や「正規分布」,さら

には「平方剰余の相互法則」の発見もなされていて，驚くべき充実の時期です．後に「非ユークリッド幾何学」(ガウスのいわゆる「反ユークリッド幾何学」)に結実することになる平行線公理の研究

**図8** ガウスの洗礼の記録(一番下に Johann Friderich Carl とある)

も，この時期に始められているのです．

　1795年10月，青年ガウスはゲッティンゲン大学に入学して故郷を離れます．3年間の驚くべき実り豊かな大学時代に，多くの重要な発見をし，もう当代切っての一流の数学者になっていました．たとえば初めての春休みを迎えて帰郷した折，正確には1796年3月30日(一説に29日)の朝，ベッドから出ようとするときに正一七角形の作図ができることを発見しています．これはエウクレイデス以来の2000年を超える幾何学の歴史に新しい1ページを加えるものであり，ガウスも大きな興奮を隠さなかったものです．その日から数学の重要な発見を簡潔に記す「数学日記」を書き始め，4月(発行は6月1日)にはツィンマーマンの紹介文つきで「一般学芸雑誌」誌上に正一七角形作図法発見の速報をしています．自分の墓石には正一七角形を刻んで欲しいと漏らしたりしているのを見ても，この発見がどんなにうれしかったのか想像がつこうというものです．

　余談ですがガウスがこれほどの興奮ぶりを見せたのは後にも先にもこのときしかありません．時代を大きく超えた大発見であってもノートにちょっと書き留める程度で，ごく少量の本当の完成品だけしか発表しなかったのでした．後年の彼のモットーが "Pauca

図9 ガウスの紋章. Pauca sed Matura（少量なれど熟せり）

sed Matura（少量なれど熟せり）"であり（図9），その後余人の窺い知れない高みから数学の発展を冷静に見つめていた態度と比較するとき，微笑えましいと同時に彼も人の子という気がしてほっとする気持を禁じ得ません．

「数学日記」はすぐ続いて，現在「平方剰余の相互法則」と呼ばれる数論の基本定理の厳密な証明に成功したことを報じています．これも彼のお気に入りの定理で，「黄金定理（theorema aureum = the golden theorem）」とか「数論の宝石（gemma arithmeticae = the gem of arithmetic）」とか呼んで，生涯にわたって8種類もの証明を残しています．

正一七角形の作図法発見は，じつは「円分方程式」の理論の最後の難点をクリアしたことを示すものです．また，「相互法則」の証明完成と合わせて考えると，1801年9月に刊行されて数学史上の奇跡とすら言われる名著『Disquisitiones Arithmeticae（数論考究）』に含まれることになる定理の主要部分をその頃にはすでに得ていたことを証拠だてています．

ガウスは学生時代に，この主著の原稿を書き始めており，大学を卒業する1798年の夏頃には原稿の大部分を出版社に渡しました．印刷はすでにこの年の春から始められていたのですが，出版が大幅に遅れたのは1つには出版社の複雑な事情があり，また1つにはページ数が予定を大幅にオーバーしてしまって3回4回と原稿を書き直したことによるものです．その他にも，より完璧な本にしたいためラテン語のマイエルホフ先生（Johann H. J. Myerhoff；

1770-1812)にラテン語をチェックしてもらったりしたせいでもあります．

　大学卒業と同時にまた故郷に帰り，時折ヘルムシュテット大学の図書館に通って数論の研究を続けるかたわら，「代数学の基本定理」と呼ばれる大定理の厳密な証明を含む学位論文を書きました．領主フェルディナント公の庇護の下に，生活上の心配が全くない状態で好きな研究に没頭できたこの時期を後に懐かしんで回想していますが，この時期は数学という学問にとっても幸運な時でした．

　だが残念なことに，こんな関係はいつまでも続かなかったのです．それは19世紀の最初の日，1801年1月1日の夜空に突然現れたナゾの天体がガウスの関心を奪うことになるからです．パレルモ天文台長ピアッツィ（Giuseppe Piazzi；1746-1826）が発見したこの天体は，星たちの間をさ迷った後，6週間で太陽の後ろに隠れてしまいました．わずかな観測結果から軌道を推定し，次に現れる時期と位置を計算するという難問が持ち上がりました．

　多くの学者が取り組みましたが，コンピューターなどまだない時代のことです．1つの仮説に基づいて計算するにも数か月を要するために難航していたのですが，ガウスはまず軌道計算法を整理した上でその超人的な計算力に物を言わせ，10時間ほどで軌道を計算してしまいました．あの計算の巨人オイラーがそれまで数か月かかった彗星の（したがって放物線で近似できる）軌道計算を3日ですませたと伝説のように伝えられていましたが，ガウスはそれと同じ計算ならわずか1時間でやりとげたのでした．「オイラーのように計算していたら僕も眼がつぶれていただろう」と後年うそぶいたということです．この仕事は，基本的にはガウスが尊敬してやまなかったニュートンの力学に基づき，独自の合理的な軌道計算法

により，しかも諸処に計算上の工夫を凝らしながらのものだったので，恐らく楽しくて仕方がなかったに違いありません．その頃大著『天体力学』(全5巻；1799-1825)を出版しつつあった碩学ラプラス(Pierre S. Laplace；1749-1827)でさえ匙を投げた難問を独自の工夫であっさりと解き，しかもこの年の大晦日から翌年の元日にかけて計算通りの位置にこの天体(小惑星ケレス)が再発見されてガウスの名は世界中に轟き渡ります．これを知って，当時フランスで最も尊敬されていた数学者ラプラスは，思わず「ブラウンシュヴァイク公はその領内に惑星以上のものを発見した．人の身体に宿った超地上的な精神だ！」と叫んだそうです．

　ガウスをとりこにした天体ケレスを再発見したのは，天文学上の発見を集約して仲間の情報交換に資するために毎月「地球と天体観測の通信月報」を発行していたゴータ天文台長のツァッハ(Franz Xaver von Zach；1754-1832)と，ブレーメンのオルバース(Heinrich Wilhelm M. Olbers；1758-1840)です．オルバースは2つ目の小惑星パラスを発見し，ガウスがその軌道を計算しました．また，1811年にはモスクワ炎上前にかのナポレオンも見たという大彗星も直接観測しています．

　この時期のガウスは主に天文学に従事し1807年以降はゲッティンゲン大学の教授兼天文台長として終生勤めあげることになります．これ以後の生涯については駈け足で眺めるとおよそ1820年頃までが天文学(この分野における主著『天体運動論』(1809)は現在でも価値を失わない名著)，20年代がドイツ国内各地の実際の三角測量を含めた測地学と曲面論(主論文『曲面論』(1827)は微分幾何学を準備するとともに，後のリーマン多様体の基礎となった画期的な業績)，30年代が数理物理学，特にヴィルヘルム・ヴェー

**図10** 「数学者の王」(ガウスの死後,王から贈られたメダル).左(表):CAROLVS FRIDERICVS GAVSS. NAT. MDCCLXXVII APR. XXX OB. MDCCCLV FEB. XXIII. 右(裏):ACADEMIAE SVAE GEORGIAE AVGVSTAE DECORI AETERNO. GEORGIVS V REX HANNOVERAE MATHEMATICORVM PRINCIPI

バー(Wilhelm E. Weber;1804-91)との共同研究で有名な電磁気学,それ以後がトポロジーや複素数と関連した幾何学を主な関心領域として,どの分野でも時代を超えた大きな仕事を残しています.

　数学の全分野に通じ,自然科学全般にわたって画期的な業績を残したこの巨人も,1855年2月23日未明77歳で静かに亡くなりました.このとき,ガウスが長年肌身離さず持ち歩き,決して巻くことを忘れなかった懐中時計も主人の死を追うかのように止まったそうです.後にガウスとヴェーバーによる電信機発明100年を記念して,時の君主ゲオルグⅤは「数学者の王(Mathematicorum Principi)」と刻んだメダルを贈ってこの不世出の天才の偉業を顕彰しました(図10).彼の生涯は,正に彼のモットーとしていたシェイクスピアの『リア王』の一節の如くに捧げられたのです:

　　Thou, Nature, art mine goddess; to thy laws my services are bound. (大自然よ,汝こそ我が女神なり:汝の法則だけを俺は奉じてきた.)

## §18 「素数定理」の発見

前節で述べた通り,数論,特に素数についての研究はガウスの少年時代から青年時代に集中して行われました.その過程で「全数学のうちで最も注目すべき定理」とアーベル(Niels Henrik Abel;1802-29)を感嘆させた大定理「素数定理」を発見しますが,その推論の鋭さには驚かざるを得ません.ここではその辺りに焦点を絞ってガウスの天才ぶりを眺めてみましょう.

ガウスがブラウンシュヴァイク公フェルディナントの庇護を受けた1791年に,フェルディナント公からもらった数冊の数学書の中に1冊の対数表がありました.「シュルツェの対数表」(1778)という7桁の対数表です.これはシュルツェの師ランベルト(Johann H. Lambert;1728-77)が出版した1〜100までの数の7桁の対数表(1770)を2200までの全整数に大幅に拡張した上で,付録に1〜10009までの素数の48桁の対数まで載せた意欲的な数表でした.素数の対数計算はオランダの軍人ヴォルフラム(Wolfram)が行ったものです.少年ガウスは,翌年にはシュルツェの本の基になった「ランベルトの対数表」を買っています.これには10万2000までの素数の表が付いていたからです.10万1000までの先人(ポエティウス(Poetius;生没年不詳;1728年に素数表)やペル(John Pell;1611-85;1668年にラーンの本の英訳版を大幅に書き換えた)が計算した素数の表に,ランベルト自身が計算した最後の1000の範囲の素数を付け加えたもので,ガウスはこの付け加えた部分が間違いだらけだと嘆いています.対数表としてはシュルツェの方が優れているので,この素数表の部分に興味があったのでしょう.

さて残されたわずかな資料から推定すると,この天才少年によ

る「素数定理」発見の経過は次のようなものだと思われます．後に「対数表の中には詩が眠っている」と言ったほどのガウスのことです．代数学や解析学を勉強しながら，ある部分など暗記してしまうくらいにこのシュルツェの対数表を愛用したのです．普通の人にはほとんど無意味な対数表や三角関数表の数字の羅列に，この少年は訳もなく心躍らせ夢を追っていたに違いありません．後にはシュルツェの本にあるヴォルフラムが計算した対数表を用いて $e^{-\pi}$ や $e^{-\pi/4}$ などの計算を，50桁までやり方を変えて何度も計算して，この表が正確なのを喜んでいるほどです（$e^{-\pi}$ の計算については，高木貞治著『近世数学史談』(岩波文庫，pp. 56-59)参照）．

やがて付録の素数の自然対数表を少し拡張しようとしたのか，10037の対数を計算し始めます．もっと先の素数が気になりだしたのでしょう．そこでもっと大きな素数表が付いているランベルトの対数表を注文します．待望の本が届くと，10万ちょっとまでの素数の表を調べ始めます．素数が不規則に並んだ素数表を見て誰もが感じるように，ガウスも初めは戸惑ったことでしょう．しかしあるときアイディアが浮かび，素数の現れる頻度が次第に減少して行く様子をもっと系統立てて調べて見ようと思い立ちます．

このアイディアを次のコラムで少し詳しく説明しましょう．

### すばらしいアイディア 12

#### 天才少年ガウスが素数定理に気づくまで

素数表を前にして戸惑っていたガウスに浮かんだアイディアは，素数が現れる頻度の減少の様子を系統立てて調べようということでした．すなわち，個々の素数の値にとらわれずに，一定の幅の区間内に含まれる素数の個数を順次計算してみようということです．こうして素数分布の研究を本格的に開始します．後年のガウスの

回想によると，1792年から1793年にかけてのことです（付録§A「ガウス晩年の手紙」参照）．

10万までの数を100ずつ及び1000ずつの区間に分けて素数の個数を計算してリストアップすることにより，この鋭い少年はある定理を予感します．さらに様々な方法で計算を続け，自分の予測の正しいことに自信を深めていきます．もちろん証明の可能性も探ってみますが，そう簡単なことではありません．それもそのはずで，この定理が証明されるのは100年以上も後のことでした．リーマンによる画期的なアイディアの転換があり，さらに複素関数論の大幅な発展があって初めて可能になったことだったのです．

この少年は手持ちの対数表の最後に幾つかの予想を書き込むに止めます．まず彼はシュルツェの本の裏表紙に自信を持って，

「$a(=\infty)$ 以下の素数 $\dfrac{a}{\log a}$」

と書き込みました（**図11**参照）．これこそが後に「素数定理」と呼ばれることになる大定理です．すぐ後には

「2つの素因数を持つ数 $\log\log a \cdot \dfrac{a}{\log a}$」
「（多分）3つの素因数を持つ数 $(\log\log a)^2 \cdot \dfrac{a}{2\log a}$；以下このように無限に続く」

という記述があります．

さらに，$x$ 以下の素数の逆数の和の近似公式，そして $x$ 以下の素数 $p$ について $\dfrac{p}{p-1}$ の積の近似公式などが，その後数年にわたって書き込まれています．これらの予想はすべて素数定理が証明された直後，19世紀の終りから20世紀の始めにかけて相次いで証明されました．本書では素数定理の証明をしませんが，必要な記号を説明した後で定理を書いておくことにします．

その後もガウスの素数の分布についての関心は途切れることなく続いて，新しい素数表が出版されるたびに書評を書いています．1812年3月，チェルナック（Ladislaus Chernac；1742-1816）の『Cribum Arithmeticum』（1811，102万まで），1814年11月，ブルクハルト（Johann Karl Burckhardt；1773-1825）の『Tables des diviseurs pour tous les nombres du deixième million』（1814，

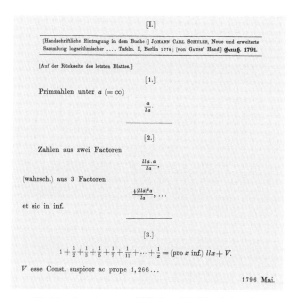

**図11** シュルツェの対数表の裏表紙に書かれたガウスの書き込み（ガウス全集の補遺）

102万〜202万8000まで），1816年11月，同じくブルクハルトの『Tables des diviseurs pour tous les nombres du troisième million』(1816, 202万8000〜303万6000まで），1817年8月，再びブルクハルトの『Tables des diviseurs, pour tous les nombres du premier million』(1817, 1〜102万まで）という調子です．若い友人ベンジャミン・ゴルトシュミット（Carl W. Benjamin Goldschmidt；1807-51）の助力を得て，自分でも忙しい公務の合間を縫って100万までの素数の計算を続けています．また，クレルレ（August Leopold Crelle；1780-1855）が計算した600万までの素数表(1856)を補って，異能の計算名人ダーゼ（Zacharias Dase；1824-61）が800万まで計算し，彼の死後になって900万までがほとんど出来ていたことがわかりました（1861）．

　ガウスはクレルレの素数表がアカデミーにあるのを知っていて，それが出版されるものと思っていましたが，間違いが多いとして

出版はされませんでした．ガウスは自分の計算結果や出版された数表から，これらの素数データを自分用のノートに次々に書き込んでいきますが，最終的には 300 万までの素数全体に及んでいます．ガウスが晩年に年若い友人エンケ(Johann Franz Encke；1791-1865)に宛てて書いた興味深い手紙と，残された素数分布表の一部を付録 §A で紹介します．

さて，先ほどの書き込みをもう少し詳しく調べると，大きく分けて 2 つの時期になされていることがわかります．1 つは高等数論の本格的な研究(彼は後に，1795 年の初めにあるすばらしい定理を得て，その余りの美しさにその因ってきたる理由を追求しているうちにその年の春に「黄金定理(平方剰余の相互法則)」に気づき，その証明を考えていたら次から次へと定理が得られて『数論考究』の前半の内容が出来上がったと語っています)を始める前の 1792〜93 年頃で，もう 1 つは 1796 年にヴェガ(Georg Freiherr von Vega；1754-1802)による 40 万までの素数表が出版された直後です．

上述した 4 つの書き込みのうち「素数定理」と「2 つまたは 3 つの素因数を持つ数の個数の予想」の 2 つが初期の書き込みで，素数の逆数和の近似公式と，$\frac{p}{p-1}$ の積の近似公式が後からの追加です．付録の手紙にも見られるように，研究を始めてすぐに，実は「対数積分(logarithmic integral)」と呼ばれる関数が素数の個数をとてもよく近似することに気づきました．これは自然対数，すなわち $e$ を底とする対数を用いて，

$$\mathrm{Li}(x) = \int_2^x \frac{du}{\log u}$$

と定義されます．対数積分は簡単な関数では書き表すことができません．ガウスは先ほどの自分のノートにおいて 300 万までの $x$ に対して素数の個数とこの積分を比較していますが，このノートを見ているとその見事な一致ぶりに感嘆しているガウスの姿が目に浮かびます．

恐らく素数表さえあれば，もっとずっと先まで計算したかったに違いありません．実際ガウスの要請で素数表作りの仕事を手伝ったダーゼは，生涯をかけて 900 万までの素数表を作り上げましたが，ガウスの気持がこんなところからも読み取れますね．

ガウスの仕事ぶりを見ると，いつでもその初期に最も重要な定理を思い付き，それを証明する過程で内容が豊かになっていくというパターンが目に付きます．全く無駄がなくてしかも芸術的と言ってもよいこんな仕事ぶりこそ，まさにガウスの面目躍如というところです．

　それはともかくとして，この「対数積分」と先ほどのコラムで「素数定理」と紹介した「$a$ までの素数 $= \dfrac{a}{\log a}$」という近似式が，近似の精度を度外視すれば実は同値であることを確かめておきましょう．話を正確にするために，$x$ 以下の素数の個数を表す $\pi(x)$ という関数と，$f(x) \sim g(x)$ という記号を導入しておきます．

$$\pi(x) := \{x \text{ 以下の素数の個数}\}$$

$$f(x) \sim g(x) \;\Leftrightarrow\; \lim_{x \to \infty} \frac{f(x)}{g(x)} = 1$$

たとえば $\pi(x)$ は，$\pi(2)=1$, $\pi(5)=3$, $\pi(6)=3$, $\pi(100)=25$ などと求まり，また $\sim$ 記号は，$x^2+2x-3 \sim x^2+1$, $e^x+x^3+1 \sim e^x-5x^2-1$ などのように使います．ここで，$f(x) \sim g(x)$ という関係は $f(x)$ と $g(x)$ の比が 1 に近づくこと（すなわち相対的に近くなること）を示すもので，決して $f(x)-g(x)$ が小さくなることを意味するものではないということに注意してください．さて，これらの記号を使えば次のように書けます．

**定理 15**（素数定理）　$\pi(x) \sim \dfrac{x}{\log x}$

　これが意味するところを少し言い換えると，$x$ 近くの自然数が素数である確率はおよそ $\dfrac{1}{\log x}$ になるということになります．また，少年ガウスが見つけた対数積分 $\mathrm{Li}(x)$ との関係は，次の補題で明ら

かです．

**補題 X**　$\mathrm{Li}(x) \sim \dfrac{x}{\log x}$

［証明］　左辺を部分積分すると，

$$\mathrm{Li}(x) = \int_2^x \frac{du}{\log u} = \frac{x}{\log x} - \frac{2}{\log 2} + \int_2^x \frac{du}{(\log u)^2}$$
$$= \frac{x}{\log x} - \frac{2}{\log 2} + \int_2^{\sqrt{x}} \frac{du}{(\log u)^2} + \int_{\sqrt{x}}^x \frac{du}{(\log u)^2}$$

よって，$x \geqq 4$ のとき，$2 \leqq \sqrt{x} \leqq x$ だから，

$$\left| \mathrm{Li}(x) - \frac{x}{\log x} \right| \leqq \frac{2}{\log 2} + \frac{\sqrt{x}-2}{(\log 2)^2} + \frac{x-\sqrt{x}}{(\log \sqrt{x})^2}$$

よって $c = \dfrac{2}{\log 2}$ とおくと，$\sqrt{x}-2 \leqq \sqrt{x}$，$x-\sqrt{x} \leqq x$ などを使って，

$$\left| \frac{\mathrm{Li}(x)}{x/\log x} - 1 \right| \leqq \frac{c \cdot \log x}{x} + \frac{c^2 \cdot \log x}{4\sqrt{x}} + \frac{4}{\log x} \to 0 \quad (x \to \infty)$$

となる（2より小さな素数は存在しないから積分範囲は2からとした）．　∎

こうして確かに $\pi(x) \sim \mathrm{Li}(x)$ という式が得られます．これも定理としておきましょう．積分を習いたての少年の考察としては出来すぎの感じもしますが，それが天才というものなのでしょう．

**定理 16**　$\pi(x) \sim \mathrm{Li}(x)$

なお，さらに部分積分を続けて行い，ほとんど同じ積分評価（大きさの見積り）を行えば次の補題が証明できますが，証明は省略します．

**補題XI** $\mathrm{Li}(x) \sim \dfrac{x}{\log x} + \dfrac{x}{(\log x)^2} + \dfrac{2!\,x}{(\log x)^3} + \cdots + \dfrac{(n-1)!\,x}{(\log x)^n}$

こうして「素数定理」が数学世界にもたらされましたが，やや不完全な形で $x$ 以下の素数の個数が $\log x$ に反比例することに気づいた人が他にもいました．ルジャンドルです．「数論」という言葉を初めて使ったと言われる著書『数論試論(Essai sur la Théorie des Nombres)』(1798)において，

$$\pi(x) \fallingdotseq \frac{x}{(A\log x + B)} \quad (A と B は別々に決められる定数)$$

と述べ，この本を改訂増補した第2版(1808)では，$A=1$ とした上で，

$$\pi(x) \fallingdotseq \frac{x}{(\log x + B(x))} \quad (B(x) はおよそ -1.08366)$$

としました．この節の冒頭に引用した薄幸の数学者アーベルの言葉は，ルジャンドルの本の第2版でこれを知って思わず漏らしたものです．さらに大幅に増補して2巻本にし，タイトルも単に『数論(Théorie des Nombres)』(1830)とした意欲的な第3版でもこの $A, B$ は同じです．

ガウスは自分の手持ちの対数表にこの予想を書き込んだだけでしたが，この推測を初めて公刊したのはルジャンドルでした．ただし，この $B$ は不正確で，$B=-1$ でなければならないことは，1848年にチェビシェフ(Pafnuty Lvovich Chebyshev；1821-94)が解析学を用いて証明しました．彼の証明はかなり大変でしたが，1980年になってピンツ(János Pintz；1950-)が実に単純でエレガントな方法で証明しました．ルジャンドルは当時の素数表から実験数値を

出したものと思われます．ガウスは晩年の手紙で，300万までの素数表を使ってルジャンドルの推測と自分の対数積分の誤差を比較していて，ここまでの範囲ではルジャンドルの推測の方が良いが，$x$が増えるにしたがって誤差が大きくなっており，やがて対数積分の誤差を超えることになりそうだ，と書いています（付録§A 参照）．

なおルジャンドルは，この本で初項と公差が互いに素である等差数列 $\{an+b\}$（$a$ と $b$ は互いに素）には素数が無限に含まれるという推測も述べています．この推測は1837年にディリクレが証明して，現在は「ディリクレの素数定理」又は「ディリクレの算術級数定理」と呼ばれています．これはオイラーが「オイラー積」を導入してからちょうど100年に当たる記念の年に，解析学を数論に使う「解析的数論」を本格的にスタートさせた画期的な論文になりました．ペテルスブルクで青年オイラーが枠組みを作り，パリでルジャンドルが予想を立て，そしてベルリンで青年ディリクレが予想を解くなかで新たな分野を創始したのでした．これも見事な「協演」ですね．

ところで前章で紹介したオイラーは，若い頃から素数に強い興味を抱き，定理9や定理10などを証明しました．また $x$ を超えない素数の逆数の総和は，$\log \log x$ 程度であるとも述べています．計算によって帰納的に推測したのでしょう．ガウスと同じくオイラーは計算の達人であり，計算の結果から直観的にいろいろな定理を推測しています．そして前章の**すばらしいアイディア⑨**で紹介した通り，オイラーは繰り返し「素数の個数は対数である」と書いています．もしもこれが

$$\lim_{x \to \infty} \frac{\pi(x)}{x/\log x} = 1$$

を意味するのだとしたら，これが「素数定理発見」のときになるはずです．しかし私にはオイラーの言明は(誤った式) $\lim_{x \to \infty} \frac{\pi(x)}{\log x} = 1$ のようには見えますが，素数定理そのものには思えません．そこでカール少年の書き込みのときを，「素数定理発見」のときと見て，詳しく説明したのです．

それでは以上で「素数定理発見物語」を終ることにします．天才の数は多いものの史上一，二を争うような正真正銘の大天才の場合には，何か近づきがたい凄みがありますね．しかし，今回この稿をまとめながらガウス全集のあちこちにまとめられた遺稿類や手紙類，そしてそれら以外の多くの資料を調べたことは，とても楽しくて有意義な仕事だったことをここに告白しておきます．これは何と言ってもガウスの人柄の良さと，その仕事のすばらしさによるものでしょう．

## §19 双子素数をめぐる新しい動き

前節までで「素数定理発見物語」は終りましたが，最近起こった素数をめぐる動きを簡単に報告しておきましょう．「数学の研究方法」について，この先変化が見られるかも知れないという期待が持てる新しい動きです．それは「双子素数」に関して，約100年ぶりの大きな発見の後で起きました．

「双子素数(twin primes)」というのは，$p$ と $p+2$ が共に素数になるような2つの素数のペアのことです．$(3,5), (5,7), (11,13)$ などが双子素数になります．初めのうちはたくさんあるように見えますが，次第に少なくなります．無限にあるかどうかはわかっていませんが，ブルン(Viggo Brun；1885-1978)は20世紀の初めに逆数

の和が有限であることを証明しました(1919年).

それからおよそ100年後の2013年5月13日,ハーヴァード大学のセミナーにおいて,あまり有名ではなかった数学者が素数のギャップについての研究発表をしました.「差が7000万以下の素数の組は無数に存在する」という内容でした.発表したのは当時ニューハンプシャー大学の講師だったチャン・イータン(張益唐 Zhang Yitang；1955-：現カリフォルニア大学サンタ・バーバラ校教授)です.

この発表が「双子素数」が無数にあるという予想を追究している数学者たちを色めき立たせました.差が7000万以下と余りにも大きいのですが,差が有限である素数の組が無数に存在することを初めて示すことに成功した内容だったからです.このような場合には,これまでにも多くの数学者が切磋琢磨して競い合い,この差を小さくしてきたものです.そして最終的には「差が2の素数の組(すなわち双子素数)は無数に存在する」ところにまで到達することを目指すのです.

しかし今回は少し様子が違いました.フィールズ賞受賞者のガワーズ(William Timothy Gowers；1963-)がこれまでとは全く異なる研究方法を2009年に提唱していて,いくつかの問題について実際に成果が得られていましたが,その新たなモデルケースのような形で双子素数予想が取り上げられたのです.新しい研究方法とは,多数の数学者がインターネット上で問題を共有し,ちょっとした思い付きや失敗談まで含めて各自の成果を書き込み,他の人の書き込みにもコメントを返すことで大きな問題を解決しようというやり方です.「たったひとりの人間が知恵を振り絞って考えなくても,いつの間にか問題が解けているというのが理想的な結果だろう」

とガワーズは提案したのです．このやり方は「多数の数学者」という意味で「ポリマス（Polymath）」と名付けられました．ガワーズが最初に提案したポリマス・プロジェクトは，Polymath 1と呼ばれ，「密度版ヘイルズ‐ジュエット問題（density Hales-Jewett Problem）」と呼ばれる組合せ理論の難問を解決しようというものでした．本人も驚いたことに，ポリマス・プロジェクトによってこの問題は数週間で解決しました．

この新しい研究方法に対して最初から強い関心を寄せていた別のフィールズ賞受賞者タオ（陶哲軒 Terence Tao；1975-）は 2013 年 6 月 4 日に，(1) 双子素数予想につながるチャンの 7000 万という上限値を改善すること，(2) チャンの議論を明確化すること，を目標に，新たなポリマス・プロジェクト「素数間の有界な間隔（Polymath 8）」を提案します．チャンの衝撃的な発表にたくさんの数学者たちが関心を寄せ，5 月末までに上限値 7000 万は半分近くの 4300 万にまで下げられていましたが，Polymath 8 が始動するや，わずか 2 日でこれは 39 万まで下げられます．6 月の末には 12,006 にまで，7 月の末にはさらに 4,680 にまで下げられました．

Polymath 8 が始まってわずか 2 か月でこれほどの目覚ましい成果が得られましたが，この頃になると目に見える進展がなくなってきたので，タオは 8 月の半ばに「論文執筆」に移るときではないかと問いかけました．そして 9 月の末にはそれもほぼでき上がります．その頃ケンブリッジ大学を出てオックスフォード大学で博士号をとった俊英が，新しい方法で「双子素数問題」に取り組み，すばらしい結果を出そうとしていました．メイナード（James Maynard；1987-）です．彼は伝統的な解析数論の篩法と，チャンなどの新しいアイディアを組み合せてどこまで行けるか確かめまし

た．その結果，Polymath 8 の成果を大きく上回る値が得られました．しかし，同時にテレンス・タオが似たアイディアを思いついていたことも判明します．このときタオは，若いメイナードが論文を発表し，自分は自身のブログで自分の証明を解説することで同意しました．そして 2013 年 11 月 19 日にインターネット上にメイナードの論文とタオのブログが載りました．メイナードの結果によって，差が 600 以下の素数の組は無数にあることが判明したのです．

驚くべき改善結果ですが，メイナードとタオの新しい方法は，$m$ 個以上の素数を含む長さ $L$ の区間が無限にたくさん存在するような $L$ の最小値を $L_m$ とするとき，$L_m$ が有限であることまでも保証するものでした．翌 2014 年の 4 月には，Polymath 8 によって差は 246 にまで縮められ，GEH（一般エリオット＝ハルバースタム予想 generalized Elliot = Halberstam conjecture）を仮定すると 6 にまで縮められることが示されました．何とも見事な協演にして競演ですね．「双子素数予想」である「差 2」の背中が見え隠れする所まで迫ったのです！

数学という学問においては，1 つの発見が大きなうねりを呼び起こして，このような大きな発展につながるということが時折起こります．だから最新の動きから目が離せないのです．序章で紹介したように，つい最近(2018.12)のことですが，51 番目のメルセンヌ素数が発見されました．

§1 で述べた GIMPS プロジェクトのおかげで，最近は新しいメルセンヌ素数の発見の頻度が高まったように見えます．これはコンピューターによる成果ですが，厳しい「アイディア」勝負の世界でも，21 世紀の初頭には，インターネット上に突然「ポアンカレ予想」を解いたと称する論文が投稿され，大きな話題をさらい

ました.素数論に極めて縁の深い「リーマン予想」についても,いつこのような事態が起きるかわかりません.誰かがすばらしいアイディアを思いついた途端に,多くの数学者の協演によって,一気に解決するかも知れません.その場合には,恐らくポリマス・プロジェクトが大いに活躍することでしょう.また,もしかしたら「ポアンカレ予想」を独力で解いてしまったペレリマン(Grigorii Perel'man;1966-)か,第2のペレリマンが現れるのかも知れません.数学という「アイディア」の競演の場においては,まったくいつ何が起きるかわからないのです.私たちは,数学者たちの「協演」であれ「競演」であれ,そのような「アイディアたちの饗宴」を楽しみながら,ゆっくりと味わいたいと思います.

簡単な問の後に,双子素数に関連したコラムを2つ書いておきましょう.

**問 12** $p$ が素数($>3$)のとき,$p, p+2, p+4$ のすべてが素数になることはないことを示せ.

### 素数のトリヴィア 7

 最大の「双子素数」の記録

「双子素数」のベストテン(2018年12月現在)を簡単にまとめておきましょう．双子素数ペアとその桁数，発見者と発見年です．

双子素数のベストテン

| Rank | 双子素数ペア | 桁数 | 発見者 | 発見年月 |
| --- | --- | --- | --- | --- |
| 1 | $2996863034895 \times 2^{1290000} \pm 1$ | 388342 | L2035 | Sep 2016 |
| 2 | $3756801695685 \times 2^{666669} \pm 1$ | 200700 | L1921 | Dec 2011 |
| 3 | $65516468355 \times 2^{333333} \pm 1$ | 100355 | L923 | Aug 2009 |
| 4 | $12770275971 \times 2^{222225} \pm 1$ | 66907 | L527 | Jul 2017 |
| 5 | $70965694293 \times 2^{200006} \pm 1$ | 60219 | L95 | Apr 2016 |
| 6 | $66444866235 \times 2^{200003} \pm 1$ | 60218 | L95 | Apr 2016 |
| 7 | $4884940623 \times 2^{198800} \pm 1$ | 59855 | L4166 | Jul 2015 |
| 8 | $2003663613 \times 2^{195000} \pm 1$ | 58711 | L202 | Jan 2007 |
| 9 | $38529154785 \times 2^{173250} \pm 1$ | 52165 | L3494 | Jul 2014 |
| 10 | $194772106074315 \times 2^{171960} \pm 1$ | 51780 | x24 | Jun 2007 |

発見者のコードナンバーは次の通り．

L2035 = Tom Greer; L1921 = Timothy D. Winslow; L923 = Peter Kaiser, Keith Klahn; L527 = Bo Tornberg; L95 = S. Urushihata; L4166 = Michael Kwok; L202 = Eric Vautier, Patrick W. McKibbon, Dmitri Gribenko; L3494 = Serge Batalov; x24 = Zoltán Járai, Gabor Farkas, Timea Csajbok, János Kasza, Antal Járai, et al.

### すばらしいアイディア 13

#### スーパー双子素数の個数に関する髙橋予想

ハーディーとリトルウッド(Hardy & Littlewood)は，$t \leqq x$ の双子素数 $(t, t+2)$ の個数 $P_2(x)$ と，$2k$ 離れた素数ペア $(t, t+2k)$ の個数 $P_{2k}(x)$ を次のように予想しました．

**(H-L)** $\quad P_2(x) \sim 2C_2 \displaystyle\int_2^x \dfrac{dt}{\log t \cdot \log(t+2)}$

**(H-L-2$k$)** $$P_{2k}(x) \sim 2C_2 \int_2^x \frac{dt}{\log t \cdot \log(t+2k)} \times \prod_{p:\text{素数}\geq 3,\ p|k} \frac{p-1}{p-2}$$

ただし $C_2 = \displaystyle\prod_{p:\text{素数}\geq 3} \frac{p(p-2)}{(p-1)^2}$

最近，飯高茂は「双子素数」概念を拡張して，「スーパー双子素数」などの分布を問題として提出しました．これは，自然数 $a, b, t$（ただし，$a$ と $b$ は互いに素で $a+b \equiv 1 \pmod{2}$）に対して，$(t, at+b)$ が素数の組になるものとして定義されます．この問題に応えて髙橋洋翔少年(2007–)がスーパー双子素数の個数について見事な予想をたてました．これがあまりにもすばらしいので，髙橋予想をここで紹介します．

**(髙橋予想 ST)** $t \leq x$ のスーパー双子素数 $(t, at+b)$ の組の数 $\mathrm{ST}_{a,b}(x)$（ただし，$a, b$ は互いに素かつ $a+b \equiv 1 \pmod 2$ とする）は，

$$\mathrm{ST}_{a,b}(x) \sim 2C_2 \int_2^x \frac{dt}{\log t \cdot \log(at+b)} \times \prod_{p:\text{素数}\geq 3,\ p|ab} \frac{p-1}{p-2}$$

$C_2$ は(H-L)および(H-L-2$k$)と同じで，他にも積分本体の前後に様々な係数が掛かっていますが，これらを掛ける理由を(H-L)と(H-L-2$k$)を含めて髙橋少年は分かりやすく明確に説明しています．

★ 2 を掛ける理由
- もしも，$t$ が 2 の倍数である事象と，$t+2$ が 2 の倍数である事象が独立なら，両方とも 2 の倍数でない確率は $\frac{1}{4}$．
- 実際には，$t$ が 2 の倍数でなければ，$t+2$ も 2 の倍数ではないので，両方とも 2 の倍数でない確率は $\frac{1}{2}$．

⇒ したがって，$\frac{1/2}{1/4} = 2$ を乗じる必要がある．

★ $C_2 = \displaystyle\prod_{p:\text{素数}\geq 3} \frac{p(p-2)}{(p-1)^2}$ を掛ける理由
- もしも，$t$ が $p$ の倍数である事象と，$t+2$ が $p$ の倍数である事

象が独立なら，両方とも $p$ の倍数でない確率は $\dfrac{(p-1)^2}{p^2}$.

- 実際には，$t$ と $t+2$ が両方とも $p$ の倍数でない確率は $\dfrac{p-2}{p}$.

  ⇒ したがって，3 以上のすべての素数 $p$ について，
  $$\frac{(p-2)/p}{(p-1)^2/p^2} = \frac{p(p-2)}{(p-1)^2}$$
  を掛ける必要がある．

★ $\displaystyle\prod_{p:素数\geq 3,\ p|ab} \dfrac{p-1}{p-2}$ を掛ける理由

- $p|ab$ の場合，$t$ と $at+b$ が両方とも $p$ の倍数でない確率は（$\dfrac{p-2}{p}$ ではなく）$\dfrac{p-1}{p}$ である．

  ⇒ したがって，この条件を満たすすべての素数 $p$ について，
  $$\frac{(p-1)/p}{(p-2)/p} = \frac{p-1}{p-2}$$
  を掛ける必要がある．

そして自然数 $a=3$, $b=10$ のときの具体例が紹介されています．100 万までの計算結果と，高橋予想の見事な一致には驚いてしまいます．予想は，30 の奇素因数が 3 と 5 だけなので，次の通りです：

$$\mathrm{ST}_{3,10}(x) \sim 2C_2 \int_2^x \frac{dt}{\log t \cdot \log(3t+10)} \times \frac{3-1}{3-2} \times \frac{5-1}{5-2}$$

高橋自身が計算した実際の個数は次のようになっています．

| $x$ | 100 | 1,000 | 10,000 | 100,000 | 1,000,000 |
|---|---|---|---|---|---|
| 実際 | 15 | 79 | 472 | 2,941 | 20,210 |
| 予想 | 23 | 96 | 492 | 2,993 | 20,203 |
| 誤差 | +53.3% | +21.5% | +4.2% | +1.8% | −0.035% |

しだいに近似の度を高めて，驚くほどの一致を見せていますね．これは，時代も年齢も違う数学者たちの「協演」であり，「競演」でもあると思います．

以上でいろいろと見てきた通り，数学におけるアイディアは，時代を超え，国を超え，世代をも超えて，あるときは強く，あるときはかすかに響き合いながら，ゆったりと流れる大河のように流れ続けています．ポアンカレ(Henri Poincaré；1854-1912)が言う通り，その水源は不明かも知れませんが，途中の大きな流れ，小さな流れを飲み込んで，確実に豊かさを増していくのです．数学という学問は，現実世界から生まれながら，「抽象化」と「理想化」をすることによって，純粋無垢な学問に成長し，想像力によって大きく飛翔することができます．

　ヒルベルト(David Hilbert；1862-1943)が言うように，「数学は人種も地理的な境界も知らない：数学にとっては，文化的世界が単一の国」なのです．だからこそ「アイディア」は重要であり，いかなる境界も乗り越えて共鳴するのです．本書はそのごく一部の「アイディア」の発展に限定して，少しだけ深く追ってみました．それでも「アイディア」たちが響き合い，競い合って発展する様子はわかっていただけたのではないかと思います．私も皆さんと一緒に，この先の人間の想像力(イマジネーション)の飛翔の様子を追い続け，贅沢この上もない饗宴を楽しみたいと思います．

# 付　録

## §A　ガウス晩年の手紙

　次の手紙は，ガウスが晩年(1849.12.24)に年下の天文学者エンケに宛てて書き送ったもので，素数の分布の研究を始めた頃からのことが詳しくまた明確に描かれており，貴重であり興味深いものです（なお[　]内は筆者による訳注）．

> 　　　　　　　　　　　素晴らしい友へ！
> ——あなたの素数の頻度についての注意は私にとってとりわけ興味がありました．あなたは私に，はるか昔に始めたこの分野での私自身の研究——1792年か1793年，それはランベルトの対数表の付録を手にした後でしたが——を思い出させてくれました．私が高等数論のより本格的な研究を始める前の，私の最初の目標の1つが，素数の頻度が次第に減少していく様子を調べることで，そのために私はキリアーデ[Chiliade；長さ1000の区間のこと]の中の素数の個数を数えては用意した白紙に記入していったものです．そしてすぐに私は，その不規則性にも拘らず，この頻度は平均的には対数に反比例していること，したがって与えられた限界 $n$ 以下の素数の個数はほぼ
> $$\int \frac{dn}{\log n}$$
> ——ここで対数は自然対数のことですが——に等しいことに気

づきました．後に私がヴェガの数表(1796)にある 400031 までの［素数の］リストを知ってから，私はこの計算をさらに続けてこの私の評価式に確信を深めたのです．1811 年，チェルナックの表の出版は私には大きな楽しみを与えてくれ，私はしばしば（というのも続けて計算するほどの気力もなかったので）予備にあけておいた 1/4 時間ほどの間に，あちらこちらのキリアーデを数えたものです；もっとも結局は 100 万までを完全に調べないうちにやめにしましたが．しばらく後になって几帳面なゴルトシュミットのおかげで 100 万までの残りの部分を埋めることができ，さらにその先はブルクハルトの表によって計算を続けたのです．こうして（何年もかけて今では）最初の 300 万までの素数が数え上げられ，積分と比較されました．

ほんの少し抜き書きすると次のようになります：

| 以下に | 素数がある | 積分 $\int \dfrac{dn}{\log n}$ | 誤差 | あなたの公式 | 誤差 |
|---|---|---|---|---|---|
| 500000 | 41556 | 41606.4 | + 50.4 | 41596.9 | + 40.9 |
| 1000000 | 78501 | 78627.5 | +126.5 | 78672.7 | +171.7 |
| 1500000 | 114112 | 114263.1 | +151.1 | 114374.0 | +264.0* |
| 2000000 | 148883 | 149054.8 | +171.8 | 149233.0 | +350.0 |
| 2500000 | 183016 | 183245.0 | +229.0 | 183495.1 | +479.1 |
| 3000000 | 216745 | 216970.6 | +225.6 | 217308.5 | +563.5 |

\* 計算すると 262 になる．

　私はルジャンドルもこのことを研究していることを知りませんでした；あなたの手紙を見て彼の Théorie des Nombres［数論］を開き，第 2 版に数ページにわたってこのことが書かれているのがわかりましたが，きっと私は前には見過ごしていた（のか，今では，忘れてしまった）のでしょう．ルジャンドルは

公式

$$\frac{n}{\log n - A}$$

——ここで $A$ は定数で，彼は 1.08366 としていますが——を用いています．急いで計算してみると，上の表の範囲における［ルジャンドルの公式の］誤差は次のようになります．

$$\begin{array}{r} -23.3 \\ +42.2 \\ +68.1 \\ +92.8 \\ +159.1 \\ +167.6 \end{array}$$

これらの差は積分によるものよりもかなり小さいのですが，でもそれは $n$ と共にずっと速く大きくなっていくようで，したがって恐らくはそれら［積分による誤差］を超えることになりそうです．［素数の］個数と［ルジャンドルの］公式を合うようにするには，$A=1.08366$ の代わりに，それぞれ次の値を使わなければいけません．

$$\begin{array}{r} 1.09040 \\ 1.07682 \\ 1.07582 \\ 1.07529 \\ 1.07179 \\ 1.07297 \end{array}$$

これを見ると，$n$ が増加するにつれて，$A$ の（平均の）値は減少していくようです．しかしながら $n$ が限りなく大きくなったときの極限値が 1 なのか 1 とは異なる数なのかは私にははっきりしません．この極限値がとても簡単な数になる理由がある

のかどうかはわかりませんが，他方，$A$ の 1 を超過する部分は $1/\log n$ のオーダーであるということは言えそうです．この関数そのものよりも，関数の微分をとればより単純になると私は信じたいのです．もしも $dn/\log n$ を関数にとれば，ルジャンドルの公式からその微分は $dn/\{\log n-(A-1)\}$ のような形になるでしょう．ところで，大きな $n$ に対して，あなたの公式は次の式と一致するものとしてよいでしょう．

$$\frac{n}{\log n - 1/2k}$$

ここで $k$ はブリッグスの対数［すなわち 10 を底とする常用対数］の対数係数［modulus；2 種類の対数の比 $k=\log e/\log 10$］です．すなわち，もしも

$$A = \frac{1}{2k} = 1.1513$$

とおけば，ルジャンドルの公式です．

　最後に注意したいのですが，あなたの計算と私の計算が 2 か所で違っていることです．

$\dfrac{59000}{101000}$ と $\dfrac{60000}{102000}$ の間であなたは $\dfrac{95}{94}$ とし，私は $\dfrac{94}{93}$ です．

最初の違いはたぶん，ランベルトの付録において，素数 59023 が 2 度数えられているという事実によるのでしょう．101000 –102000 のキリアーデはランベルトの付録で間違いだらけです．私のノートでは，まったく素数ではない 7 つの数を指摘し，脱落していた 2 つの数を補いました．若いダーゼ氏を説

得して，アカデミーにある数表を使って——もっともそれらは公開するためのものではないので心配ですが——引き続く数百万の範囲の素数を数えてもらうことはできないものでしょうか？　この場合，200万までと300万までの範囲においては，計算は，私の指示に従って，私自身が実際に100万までの[素数の]数え上げを行なったその特別の様式に基づいて行われることを注意しておきます．100000ずつの範囲の計算がちょうど1ページに10個の列で表示され，それぞれの列には1つのミリアーデ[Myriade；長さ10000の区間のこと]が対応します；その他に一番前(左)に1列が付け加えられ，また最後に別の1列が右側に付け加えられます：例えば1000000から1100000までの区間に対する縦の1列と付け加えられた2つの列があります——

1000000 …… 1100000

|    | 0   | 1   | 2   | 3   | 4   | 5   | 6   | 7   | 8   | 9   |      |
|----|-----|-----|-----|-----|-----|-----|-----|-----|-----|-----|------|
| 1  | 1   |     |     |     |     |     |     |     |     |     | 1    |
| 2  |     | 1   |     |     |     | 1   |     | 1   | 1   |     | 4    |
| 3  |     | 4   | 2   | 2   | 3   | 1   | 2   | 3   | 3   | 1   | 21   |
| 4  | 2   | 8   | 5   | 4   | 3   | 6   | 9   | 4   | 5   | 8   | 54   |
| 5  | 11  | 10  | 8   | 18  | 12  | 10  | 10  | 12  | 15  | 8   | 114  |
| 6  | 14  | 14  | 18  | 21  | 16  | 22  | 19  | 15  | 17  | 15  | 171  |
| 7  | 26  | 17  | 23  | 23  | 24  | 24  | 17  | 22  | 20  | 21  | 217  |
| 8  | 19  | 19  | 21  | 7   | 14  | 15  | 20  | 17  | 15  | 17  | 164  |
| 9  | 11  | 13  | 9   | 13  | 14  | 14  | 12  | 13  | 11  | 16  | 126  |
| 10 | 8   | 6   | 8   | 5   | 9   | 5   | 5   | 9   | 7   | 9   | 71   |
| 11 | 6   | 6   | 4   | 6   | 3   | 1   | 3   | 1   | 4   | 5   | 39   |
| 12 | 1   | 1   | 2   | 1   | 1   | 1   | 2   | 2   | 1   |     | 12   |
| 13 | 1   | 1   |     |     | 1   |     | 1   | 1   | 1   |     | 6    |
| 14 |     |     |     |     |     |     |     |     |     |     |      |
| 15 |     |     |     |     |     |     |     |     |     |     |      |
| 16 |     |     |     |     |     |     |     |     |     |     |      |
|    | 752 | 719 | 732 | 700 | 731 | 698 | 713 | 722 | 706 | 737 | 7210 |

$$\int \frac{dx}{\log x} = 7212.99$$

説明のためにたとえば縦の第 1 列をとりましょう．1000000 から 1010000 までのミリアーデには 100 個のケンターデ［Centade；長さ 100 の区間］があります；それらのうちで 1 個が 1 つだけ素数を含んでおり，2 つまたは 3 つの素数を含むものは 1 個もなく，2 個［のケンターデ］がそれぞれ 4 つ［の素数］を含みます；11 個が各々 5 つを含み，等々，こうして全部で 752 =1·1+4·2+5·11+6·14+⋯ 個の素数を生ずることになります．最後の列には 10 個の［列の］合計が入るのです．最初の縦の列で 14, 15, 16 という数は，そんなに多くの素数を含むケンターデがないので余分です；でも次のページではこれらも必要になります．最後に 10 ページ分がまた 1 つにまとめられ，こうして 200 万までの 100 万の範囲が完全にカバーされることになります．

　もう終りにすべき時間です．——心の底からあなたの健康を祈りつつ．

　　　　　　　　　　　　いつも変わらずあなたのもの
　ゲッティンゲン，24. December 1849.　　　C. F. ガウス

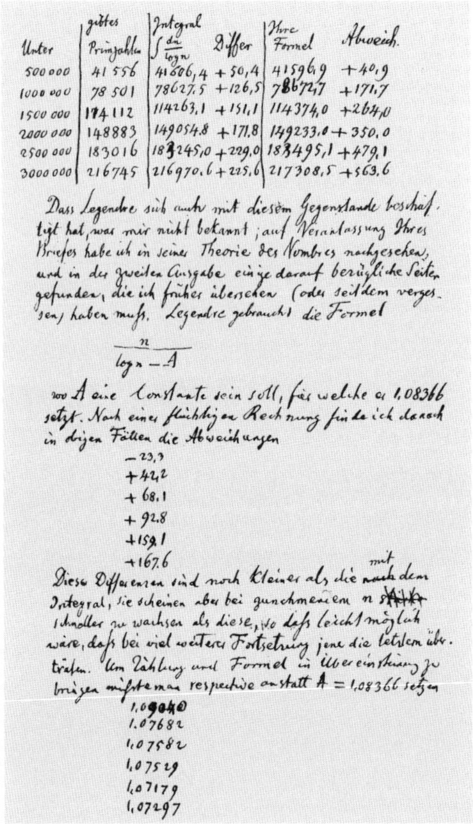

| Unter | gibt es Primzahlen | Integral $\int \frac{dn}{\log n}$ | Differ | Ihre Formel | Abweich. |
|---|---|---|---|---|---|
| 500000 | 41556 | 41606,4 | +50,4 | 41596,9 | +40,9 |
| 1000000 | 78501 | 78627,5 | +126,5 | 78672,7 | +171,7 |
| 1500000 | 114112 | 114263,1 | +151,1 | 114374,0 | +264,0 |
| 2000000 | 148883 | 149054,8 | +171,8 | 149233,0 | +350,0 |
| 2500000 | 183016 | 183245,0 | +229,0 | 183495,1 | +479,1 |
| 3000000 | 216745 | 216970,6 | +225,6 | 217308,5 | +563,6 |

Dass Legendre sich auch mit diesem Gegenstande beschäftigt hat, war mir nicht bekannt; auf Veranlassung Ihres Briefes habe ich in seiner Théorie des Nombres nachgesehen, und in der zweiten Ausgabe einige darauf bezügliche Seiten gefunden, die ich früher übersehen (oder seitdem vergessen) haben muss. Legendre gebraucht die Formel

$$\frac{n}{\log n - A}$$

wo A eine Constante sein soll, für welche er 1,08366 setzt. Nach einer flüchtigen Rechnung finde ich danach in diesen Fällen die Abweichungen

−23,3
+42,2
+68,1
+92,8
+159,1
+167,6

Diese Differenzen sind noch kleiner als die mit dem Integral, sie scheinen aber bei zunehmendem n schneller zu wachsen als diese, so dass leicht möglich wäre, dass bei viel weiterer Fortsetzung jene die letztern überträfen. Um Zählung und Formel in Uebereinstimmung zu bringen, müsste man respective anstatt A = 1,08366 setzen

1,09040
1,07682
1,07582
1,07529
1,07179
1,07297

**図 12**　ガウスからエンケに宛てた手紙の一部(1849.12.24)

## (付)素数の分布について

ガウスの手紙にある数表(300 万までの素数の個数)の誤りを正したものが次の表です(**表 1**)．ガウスは 300 万までの素数の個数をまとめましたが，最終的には 72 個少ないだけでした．なお，これ

は素数の個数を概観するときに有用なので、さらに1000万までに拡張してみました。$n$ と共に $\pi(n)$ がゆっくりと増大していく様子が窺えます。

ガウスの数え間違いをもう少し詳しく見ると、300万までのキリアーデ3000個の中で117個、すなわち3.9%に数え間違いがあり、その内の86.3%が1～2個のミスで、7.7%が5個以内、5.1%が±10個、そして0.9%が+8個のミスです。最後の±10個と+8個という大きな数え間違いは、100万までのキリアー

表1 素数の分布

| $n$ | $\pi(n)$ | ガウス | ガウスの誤差 |
|---|---|---|---|
| 500,000 | 41,538 | 41,556 | +18 |
| 1,000,000 | 78,498 | 78,501 | +3 |
| 1,500,000 | 114,156 | 114,112 | −44 |
| 2,000,000 | 148,934 | 148,883 | −51 |
| 2,500,000 | 183,073 | 183,016 | −57 |
| 3,000,000 | 216,817 | 216,745 | −72 |
| ⋮ | ⋮ | | |
| 3,500,000 | 250,150 | | |
| 4,000,000 | 283,146 | | |
| 4,500,000 | 315,948 | | |
| 5,000,000 | 348,513 | | |
| 5,500,000 | 380,800 | | |
| 6,000,000 | 412,849 | | |
| 6,500,000 | 444,757 | | |
| 7,000,000 | 476,648 | | |
| 7,500,000 | 508,261 | | |
| 8,000,000 | 539,777 | | |
| 8,500,000 | 571,119 | | |
| 9,000,000 | 602,489 | | |
| 9,500,000 | 633,578 | | |
| 10,000,000 | 664,579 | | |

デに集中しています。私は、ガウスが各キリアーデ中の100個近い素数の個数を数える際に、10個ごとのかたまりを作り、そのかたまりの数を数えるときに間違えたのではないかと想像しています。そうだとすると、+8個のミスは10個のかたまりを1つ余分に数え間違えて、そのキリアーデ中の素数2つを見落としたのでしょう。

## §B 素数の個数とそのグラフ

素数の個数 $\pi(x)$ は,現在はコンピューターでずい分大きなところまで計算されています.それを表にしました(**表2**).

**表2** $\pi(x)$ の値

| $n$ | $x=10^n$ | $\pi(x)$ |
|---|---:|---:|
| 1 | 10 | 4 |
| 2 | 100 | 25 |
| 3 | 1,000 | 168 |
| 4 | 10,000 | 1,229 |
| 5 | 100,000 | 9,592 |
| 6 | 1,000,000 | 78,498 |
| 7 | 10,000,000 | 664,579 |
| 8 | 100,000,000 | 5,761,455 |
| 9 | 1,000,000,000 | 50,847,534 |
| 10 | 10,000,000,000 | 455,052,511 |
| 11 | 100,000,000,000 | 4,118,054,813 |
| 12 | 1,000,000,000,000 | 37,607,912,018 |
| 13 | 10,000,000,000,000 | 346,065,536,839 |
| 14 | 100,000,000,000,000 | 3,204,941,750,802 |
| 15 | 1,000,000,000,000,000 | 29,844,570,422,669 |
| 16 | 10,000,000,000,000,000 | 279,238,341,033,925 |
| 17 | 100,000,000,000,000,000 | 2,623,557,157,654,233 |
| 18 | 1,000,000,000,000,000,000 | 24,739,954,287,740,860 |
| 19 | 10,000,000,000,000,000,000 | 234,057,667,276,344,607 |
| 20 | 100,000,000,000,000,000,000 | 2,220,819,602,560,918,840 |
| 21 | 1,000,000,000,000,000,000,000 | 21,127,269,486,018,731,928 |
| 22 | 10,000,000,000,000,000,000,000 | 201,467,286,689,315,906,290 |
| 23 | 100,000,000,000,000,000,000,000 | 1,925,320,391,606,803,968,923 |
| 24 | 1,000,000,000,000,000,000,000,000 | 18,435,599,767,349,200,867,866 |
| 25 | 10,000,000,000,000,000,000,000,000 | 176,846,309,399,143,769,411,680 |

次に示すのは，$x=200$ と $x=10000$ までの素数の個数 $\pi(x)$ のグラフです（**図 13**）．

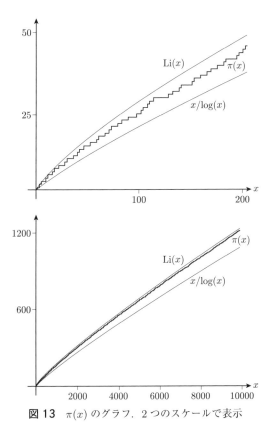

**図 13** $\pi(x)$ のグラフ．2 つのスケールで表示

## §C  10,000までの素数表

10,000までの素数を表にしました．数えやすいように，100個ごとに間隔を開けて，①，②，…と番号を入れました．少年ガウスは10,000までの素数の表を見て，素数定理を発見しましたが，私たちは10,000までの素数を見て，何か見つけられるでしょうか？

|  |  |  |  |  |  |  |  |  |  |
|---|---|---|---|---|---|---|---|---|---|
| 2 | 3 | 5 | 7 | 11 | 13 | 17 | 19 | 23 | 29 |
| 31 | 37 | 41 | 43 | 47 | 53 | 59 | 61 | 67 | 71 |
| 73 | 79 | 83 | 89 | 97 | 101 | 103 | 107 | 109 | 113 |
| 127 | 131 | 137 | 139 | 149 | 151 | 157 | 163 | 167 | 173 |
| 179 | 181 | 191 | 193 | 197 | 199 | 211 | 223 | 227 | 229 |
| 233 | 239 | 241 | 251 | 257 | 263 | 269 | 271 | 277 | 281 |
| 283 | 293 | 307 | 311 | 313 | 317 | 331 | 337 | 347 | 349 |
| 353 | 359 | 367 | 373 | 379 | 383 | 389 | 397 | 401 | 409 |
| 419 | 421 | 431 | 433 | 439 | 443 | 449 | 457 | 461 | 463 |
| 467 | 479 | 487 | 491 | 499 | 503 | 509 | 521 | 523 | 541 ① |
| 547 | 557 | 563 | 569 | 571 | 577 | 587 | 593 | 599 | 601 |
| 607 | 613 | 617 | 619 | 631 | 641 | 643 | 647 | 653 | 659 |
| 661 | 673 | 677 | 683 | 691 | 701 | 709 | 719 | 727 | 733 |
| 739 | 743 | 751 | 757 | 761 | 769 | 773 | 787 | 797 | 809 |
| 811 | 821 | 823 | 827 | 829 | 839 | 853 | 857 | 859 | 863 |
| 877 | 881 | 883 | 887 | 907 | 911 | 919 | 929 | 937 | 941 |
| 947 | 953 | 967 | 971 | 977 | 983 | 991 | 997 | 1009 | 1013 |
| 1019 | 1021 | 1031 | 1033 | 1039 | 1049 | 1051 | 1061 | 1063 | 1069 |
| 1087 | 1091 | 1093 | 1097 | 1103 | 1109 | 1117 | 1123 | 1129 | 1151 |
| 1153 | 1163 | 1171 | 1181 | 1187 | 1193 | 1201 | 1213 | 1217 | 1223 ② |
| 1229 | 1231 | 1237 | 1249 | 1259 | 1277 | 1279 | 1283 | 1289 | 1291 |
| 1297 | 1301 | 1303 | 1307 | 1319 | 1321 | 1327 | 1361 | 1367 | 1373 |
| 1381 | 1399 | 1409 | 1423 | 1427 | 1429 | 1433 | 1439 | 1447 | 1451 |
| 1453 | 1459 | 1471 | 1481 | 1483 | 1487 | 1489 | 1493 | 1499 | 1511 |
| 1523 | 1531 | 1543 | 1549 | 1553 | 1559 | 1567 | 1571 | 1579 | 1583 |
| 1597 | 1601 | 1607 | 1609 | 1613 | 1619 | 1621 | 1627 | 1637 | 1657 |
| 1663 | 1667 | 1669 | 1693 | 1697 | 1699 | 1709 | 1721 | 1723 | 1733 |
| 1741 | 1747 | 1753 | 1759 | 1777 | 1783 | 1787 | 1789 | 1801 | 1811 |
| 1823 | 1831 | 1847 | 1861 | 1867 | 1871 | 1873 | 1877 | 1879 | 1889 |

| | | | | | | | | | |
|---|---|---|---|---|---|---|---|---|---|
| 1901 | 1907 | 1913 | 1931 | 1933 | 1949 | 1951 | 1973 | 1979 | 1987 ③ |
| 1993 | 1997 | 1999 | 2003 | 2011 | 2017 | 2027 | 2029 | 2039 | 2053 |
| 2063 | 2069 | 2081 | 2083 | 2087 | 2089 | 2099 | 2111 | 2113 | 2129 |
| 2131 | 2137 | 2141 | 2143 | 2153 | 2161 | 2179 | 2203 | 2207 | 2213 |
| 2221 | 2237 | 2239 | 2243 | 2251 | 2267 | 2269 | 2273 | 2281 | 2287 |
| 2293 | 2297 | 2309 | 2311 | 2333 | 2339 | 2341 | 2347 | 2351 | 2357 |
| 2371 | 2377 | 2381 | 2383 | 2389 | 2393 | 2399 | 2411 | 2417 | 2423 |
| 2437 | 2441 | 2447 | 2459 | 2467 | 2473 | 2477 | 2503 | 2521 | 2531 |
| 2539 | 2543 | 2549 | 2551 | 2557 | 2579 | 2591 | 2593 | 2609 | 2617 |
| 2621 | 2633 | 2647 | 2657 | 2659 | 2663 | 2671 | 2677 | 2683 | 2687 |
| 2689 | 2693 | 2699 | 2707 | 2711 | 2713 | 2719 | 2729 | 2731 | 2741 ④ |
| 2749 | 2753 | 2767 | 2777 | 2789 | 2791 | 2797 | 2801 | 2803 | 2819 |
| 2833 | 2837 | 2843 | 2851 | 2857 | 2861 | 2879 | 2887 | 2897 | 2903 |
| 2909 | 2917 | 2927 | 2939 | 2953 | 2957 | 2963 | 2969 | 2971 | 2999 |
| 3001 | 3011 | 3019 | 3023 | 3037 | 3041 | 3049 | 3061 | 3067 | 3079 |
| 3083 | 3089 | 3109 | 3119 | 3121 | 3137 | 3163 | 3167 | 3169 | 3181 |
| 3187 | 3191 | 3203 | 3209 | 3217 | 3221 | 3229 | 3251 | 3253 | 3257 |
| 3259 | 3271 | 3299 | 3301 | 3307 | 3313 | 3319 | 3323 | 3329 | 3331 |
| 3343 | 3347 | 3359 | 3361 | 3371 | 3373 | 3389 | 3391 | 3407 | 3413 |
| 3433 | 3449 | 3457 | 3461 | 3463 | 3467 | 3469 | 3491 | 3499 | 3511 |
| 3517 | 3527 | 3529 | 3533 | 3539 | 3541 | 3547 | 3557 | 3559 | 3571 ⑤ |
| 3581 | 3583 | 3593 | 3607 | 3613 | 3617 | 3623 | 3631 | 3637 | 3643 |
| 3659 | 3671 | 3673 | 3677 | 3691 | 3697 | 3701 | 3709 | 3719 | 3727 |
| 3733 | 3739 | 3761 | 3767 | 3769 | 3779 | 3793 | 3797 | 3803 | 3821 |
| 3823 | 3833 | 3847 | 3851 | 3853 | 3863 | 3877 | 3881 | 3889 | 3907 |
| 3911 | 3917 | 3919 | 3923 | 3929 | 3931 | 3943 | 3947 | 3967 | 3989 |
| 4001 | 4003 | 4007 | 4013 | 4019 | 4021 | 4027 | 4049 | 4051 | 4057 |
| 4073 | 4079 | 4091 | 4093 | 4099 | 4111 | 4127 | 4129 | 4133 | 4139 |
| 4153 | 4157 | 4159 | 4177 | 4201 | 4211 | 4217 | 4219 | 4229 | 4231 |
| 4241 | 4243 | 4253 | 4259 | 4261 | 4271 | 4273 | 4283 | 4289 | 4297 |
| 4327 | 4337 | 4339 | 4349 | 4357 | 4363 | 4373 | 4391 | 4397 | 4409 ⑥ |
| 4421 | 4423 | 4441 | 4447 | 4451 | 4457 | 4463 | 4481 | 4483 | 4493 |
| 4507 | 4513 | 4517 | 4519 | 4523 | 4547 | 4549 | 4561 | 4567 | 4583 |
| 4591 | 4597 | 4603 | 4621 | 4637 | 4639 | 4643 | 4649 | 4651 | 4657 |
| 4663 | 4673 | 4679 | 4691 | 4703 | 4721 | 4723 | 4729 | 4733 | 4751 |
| 4759 | 4783 | 4787 | 4789 | 4793 | 4799 | 4801 | 4813 | 4817 | 4831 |
| 4861 | 4871 | 4877 | 4889 | 4903 | 4909 | 4919 | 4931 | 4933 | 4937 |
| 4943 | 4951 | 4957 | 4967 | 4969 | 4973 | 4987 | 4993 | 4999 | 5003 |
| 5009 | 5011 | 5021 | 5023 | 5039 | 5051 | 5059 | 5077 | 5081 | 5087 |

| | | | | | | | | | |
|---|---|---|---|---|---|---|---|---|---|
| 5099 | 5101 | 5107 | 5113 | 5119 | 5147 | 5153 | 5167 | 5171 | 5179 |
| 5189 | 5197 | 5209 | 5227 | 5231 | 5233 | 5237 | 5261 | 5273 | 5279 ⑦ |

| | | | | | | | | |
|---|---|---|---|---|---|---|---|---|
| 5281 | 5297 | 5303 | 5309 | 5323 | 5333 | 5347 | 5351 | 5381 | 5387 |
| 5393 | 5399 | 5407 | 5413 | 5417 | 5419 | 5431 | 5437 | 5441 | 5443 |
| 5449 | 5471 | 5477 | 5479 | 5483 | 5501 | 5503 | 5507 | 5519 | 5521 |
| 5527 | 5531 | 5557 | 5563 | 5569 | 5573 | 5581 | 5591 | 5623 | 5639 |
| 5641 | 5647 | 5651 | 5653 | 5657 | 5659 | 5669 | 5683 | 5689 | 5693 |
| 5701 | 5711 | 5717 | 5737 | 5741 | 5743 | 5749 | 5779 | 5783 | 5791 |
| 5801 | 5807 | 5813 | 5821 | 5827 | 5839 | 5843 | 5849 | 5851 | 5857 |
| 5861 | 5867 | 5869 | 5879 | 5881 | 5897 | 5903 | 5923 | 5927 | 5939 |
| 5953 | 5981 | 5987 | 6007 | 6011 | 6029 | 6037 | 6043 | 6047 | 6053 |
| 6067 | 6073 | 6079 | 6089 | 6091 | 6101 | 6113 | 6121 | 6131 | 6133 ⑧ |

| 6143 | 6151 | 6163 | 6173 | 6197 | 6199 | 6203 | 6211 | 6217 | 6221 |
|---|---|---|---|---|---|---|---|---|---|
| 6229 | 6247 | 6257 | 6263 | 6269 | 6271 | 6277 | 6287 | 6299 | 6301 |
| 6311 | 6317 | 6323 | 6329 | 6337 | 6343 | 6353 | 6359 | 6361 | 6367 |
| 6373 | 6379 | 6389 | 6397 | 6421 | 6427 | 6449 | 6451 | 6469 | 6473 |
| 6481 | 6491 | 6521 | 6529 | 6547 | 6551 | 6553 | 6563 | 6569 | 6571 |
| 6577 | 6581 | 6599 | 6607 | 6619 | 6637 | 6653 | 6659 | 6661 | 6673 |
| 6679 | 6689 | 6691 | 6701 | 6703 | 6709 | 6719 | 6733 | 6737 | 6761 |
| 6763 | 6779 | 6781 | 6791 | 6793 | 6803 | 6823 | 6827 | 6829 | 6833 |
| 6841 | 6857 | 6863 | 6869 | 6871 | 6883 | 6899 | 6907 | 6911 | 6917 |
| 6947 | 6949 | 6959 | 6961 | 6967 | 6971 | 6977 | 6983 | 6991 | 6997 ⑨ |

| 7001 | 7013 | 7019 | 7027 | 7039 | 7043 | 7057 | 7069 | 7079 | 7103 |
|---|---|---|---|---|---|---|---|---|---|
| 7109 | 7121 | 7127 | 7129 | 7151 | 7159 | 7177 | 7187 | 7193 | 7207 |
| 7211 | 7213 | 7219 | 7229 | 7237 | 7243 | 7247 | 7253 | 7283 | 7297 |
| 7307 | 7309 | 7321 | 7331 | 7333 | 7349 | 7351 | 7369 | 7393 | 7411 |
| 7417 | 7433 | 7451 | 7457 | 7459 | 7477 | 7481 | 7487 | 7489 | 7499 |
| 7507 | 7517 | 7523 | 7529 | 7537 | 7541 | 7547 | 7549 | 7559 | 7561 |
| 7573 | 7577 | 7583 | 7589 | 7591 | 7603 | 7607 | 7621 | 7639 | 7643 |
| 7649 | 7669 | 7673 | 7681 | 7687 | 7691 | 7699 | 7703 | 7717 | 7723 |
| 7727 | 7741 | 7753 | 7757 | 7759 | 7789 | 7793 | 7817 | 7823 | 7829 |
| 7841 | 7853 | 7867 | 7873 | 7877 | 7879 | 7883 | 7901 | 7907 | 7919 ⑩ |

| 7927 | 7933 | 7937 | 7949 | 7951 | 7963 | 7993 | 8009 | 8011 | 8017 |
|---|---|---|---|---|---|---|---|---|---|
| 8039 | 8053 | 8059 | 8069 | 8081 | 8087 | 8089 | 8093 | 8101 | 8111 |
| 8117 | 8123 | 8147 | 8161 | 8167 | 8171 | 8179 | 8191 | 8209 | 8219 |
| 8221 | 8231 | 8233 | 8237 | 8243 | 8263 | 8269 | 8273 | 8287 | 8291 |
| 8293 | 8297 | 8311 | 8317 | 8329 | 8353 | 8363 | 8369 | 8377 | 8387 |
| 8389 | 8419 | 8423 | 8429 | 8431 | 8443 | 8447 | 8461 | 8467 | 8501 |
| 8513 | 8521 | 8527 | 8537 | 8539 | 8543 | 8563 | 8573 | 8581 | 8597 |

| | | | | | | | | | |
|---|---|---|---|---|---|---|---|---|---|
| 8599 | 8609 | 8623 | 8627 | 8629 | 8641 | 8647 | 8663 | 8669 | 8677 |
| 8681 | 8689 | 8693 | 8699 | 8707 | 8713 | 8719 | 8731 | 8737 | 8741 |
| 8747 | 8753 | 8761 | 8779 | 8783 | 8803 | 8807 | 8819 | 8821 | 8831 ⑪ |
| 8837 | 8839 | 8849 | 8861 | 8863 | 8867 | 8887 | 8893 | 8923 | 8929 |
| 8933 | 8941 | 8951 | 8963 | 8969 | 8971 | 8999 | 9001 | 9007 | 9011 |
| 9013 | 9029 | 9041 | 9043 | 9049 | 9059 | 9067 | 9091 | 9103 | 9109 |
| 9127 | 9133 | 9137 | 9151 | 9157 | 9161 | 9173 | 9181 | 9187 | 9199 |
| 9203 | 9209 | 9221 | 9227 | 9239 | 9241 | 9257 | 9277 | 9281 | 9283 |
| 9293 | 9311 | 9319 | 9323 | 9337 | 9341 | 9343 | 9349 | 9371 | 9377 |
| 9391 | 9397 | 9403 | 9413 | 9419 | 9421 | 9431 | 9433 | 9437 | 9439 |
| 9461 | 9463 | 9467 | 9473 | 9479 | 9491 | 9497 | 9511 | 9521 | 9533 |
| 9539 | 9547 | 9551 | 9587 | 9601 | 9613 | 9619 | 9623 | 9629 | 9631 |
| 9643 | 9649 | 9661 | 9677 | 9679 | 9689 | 9697 | 9719 | 9721 | 9733 ⑫ |
| 9739 | 9743 | 9749 | 9767 | 9769 | 9781 | 9787 | 9791 | 9803 | 9811 |
| 9817 | 9829 | 9833 | 9839 | 9851 | 9857 | 9859 | 9871 | 9883 | 9887 |
| 9901 | 9907 | 9923 | 9929 | 9931 | 9941 | 9949 | 9967 | 9973 | |

## §D 問の答

### 第1章

#### §4

**問1** $\sigma(504)=\sigma(2^3\cdot 3^2\cdot 7)=\sigma(2^3)\sigma(3^2)\sigma(7)=15\cdot 13\cdot 8=\mathbf{1560}$.

#### §5

**問2** $G=(1234,4321)=(2\cdot 617,29\cdot 149)=\mathbf{1}$, $L=\{1234,4321\}=2\cdot 29\cdot 149\cdot 617=\mathbf{5332114}$. $G'=(975,1170)=(3\cdot 5^2\cdot 13,2\cdot 3^2\cdot 5\cdot 13)=3\cdot 5\cdot 13=\mathbf{195}$, $L'=\{975,1170\}=\{3\cdot 5^2\cdot 13,2\cdot 3^2\cdot 5\cdot 13\}=2\cdot 3^2\cdot 5^2\cdot 13=\mathbf{5850}$.

**問3** 異なる素数 $p$, $q$, $r$, $\cdots$ に対して, $m=p^s\cdot q^t\cdot r^u\cdots$ ($s\geqq 0$, $t\geqq 0$, $u\geqq 0$), $n=p^{s'}\cdot q^{t'}\cdot r^{u'}\cdots$ ($s'\geqq 0, t'\geqq 0, u'\geqq 0$) と素因数分解すると, $(m,n)=p^{\mathrm{Min}\{s,s'\}}\cdot q^{\mathrm{Min}\{t,t'\}}\cdot r^{\mathrm{Min}\{u,u'\}}\cdots$, $\{m,n\}=p^{\mathrm{Max}\{s,s'\}}\cdot q^{\mathrm{Max}\{t,t'\}}\cdot r^{\mathrm{Max}\{u,u'\}}\cdots$ である. 一方, 一般に $\mathrm{Max}\{c,d\}+\mathrm{Min}\{c,d\}=c+d$ だから, $(m,n)\{m,n\}=mn$ となる.

#### §7

**問4** $10\equiv 1\pmod 9$ だから, $10^k\equiv 1\pmod 9$ となる. よって, $[abcd]=a\times 10^3+b\times 10^2+c\times 10+d\equiv a+b+c+d\pmod 9$ だから, $[abcd]\equiv a+b+c+d\pmod 9$ となる.

**問5** 任意の整数は, $3k, 3k+1, 3k+2$ のいずれかで書ける. それぞれを2乗すると, $(3k)^2=9k^2\equiv 0\pmod 3$, $(3k+1)^2=9k^2+6k+1\equiv 1\pmod 3$, $(3k+2)^2=9k^2+12k+4\equiv 1\pmod 3$ となる. よって, 任意の平方数は3を法として, 0か1に合同である.

**問6** 任意の整数は, $4k, 4k+1, 4k+2, 4k+3$ のいずれかで書ける. それぞれを2乗すると, $(4k)^2=16k^2\equiv 0\pmod{16}$, $(4k+1)^2=16k^2+8k+1\equiv 8k+1\pmod{16}$, $(4k+2)^2=16k^2+16k+4\equiv 4\pmod{16}$, $(4k+3)^2=16k^2+24k+9\equiv 8k+9\pmod{16}$ となる. $k$ が偶数のとき,

$8k+1\equiv 1 \pmod{16}$, $8k+9\equiv 9\pmod{16}$, $k$ が奇数のとき，$8k+1\equiv 9 \pmod{16}$, $8k+9\equiv 1\pmod{16}$ となるので，任意の平方数は 16 を法として，0 か 1 か 4 か 9 に合同である．

## 第2章
### §9

**問7** $n\equiv 1\pmod 6$, $n'\equiv 1\pmod 6 \Rightarrow nn'\equiv 1\pmod 6$ だから，$n=6k+1$ の形の数の積はまたこの形になる．これより $6k+5$ の形の数は，$p\equiv 5\pmod 6$ なる素因数 $p$ を少なくとも1つ約数として持つことがわかる．いま $p\equiv 5\pmod 6$ なる素数が有限個しかないと仮定して，それらのすべてを 5, 11, 17, 23, $\cdots$, $q$ とする．$N=6\cdot(5\cdot 11\cdot 17\cdots q)+5$ とおくと $N\equiv 5\pmod 6$ だから，$N$ は $p\equiv 5\pmod 6$ なる素因数 $p$ を約数として持つ．しかし $N$ は 5, 11, 17, 23, $\cdots$, $q$ のいずれで割っても 5 が余り，割り切れないから $p$ はこれらのいずれとも異なる素数である．これは最初の仮定に反するから定理は証明された．

### §10

**問8** $a^n-1$ は $a-1$ を因数に持つから，$a>2$ のときには素数ではない．また，$n$ が合成数のときに，$n=s\cdot t$ と分解すると，$a^n-1$ は $a^s-1$ を因数に持つから，やはり素数ではあり得ない．

**問9** 定理 4 において $n$ に素数 2, 3, 5, 7 を入れると，ギリシア時代に見つかっていた 4 つの完全数に対応するメルセンヌ素数が得られる．さらに素数を入れて $2^n-1$ が素数になるものを見つければよい．11 のときは合成数で，13, 17 のときに素数になることを確かめること．**素数のトリヴィア④**参照．

## 第3章

### §12

**問10** $3 \leqq n \leqq 100$ の範囲で，定規とコンパスだけで正 $n$ 角形が作図できるものは，$n=3, 4, 5, 6, 8, 10, 12, 15, 16, 17, 20, 24, 30, 32, 34, 40, 48, 51, 60, 64, 68, 80, 85, 96$ である．また，$3 \leqq n < 300$ の範囲の奇数で，正 $n$ 角形が作図できる $n$ は，$n=3, 5, 15, 17, 51, 85, 255, 257$ である．

## 第4章

### §15

**問11** $f(x)=\dfrac{x}{e^x-1}+\dfrac{x}{2}$ とおくと，$f(-x)=-\dfrac{x}{e^{-x}-1}-\dfrac{x}{2}=-\dfrac{xe^x}{1-e^x}-\dfrac{x}{2}=\dfrac{xe^x}{e^x-1}-\dfrac{x}{2}=\dfrac{x(e^x-1)+x}{e^x-1}-\dfrac{x}{2}=\dfrac{x}{e^x-1}+\dfrac{x}{2}=f(x)$．これより $f(x)$ は偶関数だから，マクローリン展開は偶数次の項だけを含む．したがって，$\dfrac{x}{e^x-1}$ は 1 次の項以外に奇数次の項は出てこない．よって，$B_{2n+1}=0\ (n>0)$ である．

## 第5章

### §19

**問12** $p$ が素数 $(>3)$ とする．任意の奇数は $6k+1, 6k+3, 6k+5$ のいずれかで書けるが，素数になる可能性があるのは $6k+1$ と $6k+5$ だけである．$p=6k+1$ のとき，$p+2=6k+3=3(2k+1)$ となって，これは素数ではない．$p=6k+5$ のとき，$p+4=6k+9=3(2k+3)$ となってやはり素数ではない．したがって，$p, p+2, p+4$ のすべてが素数になることはない．

# あとがき

「素数定理」が発見されたところで「素数定理発見物語」が終わりました．「素数物語」としてはもっと書きたいこともありますが，この小さな本ではここまでにします．

ここでお話しした発見物語の後，ディリクレ，リーマン，チェビシェフなどが新しい道を開きました．そして複素関数論の構築と相まって，19世紀の終わりについにアダマール（Jacques Hadamard；1865-1963）とドゥ・ラ・ヴァレ–プサン（Charles J. de La Vallée-Poussin；1866-1962）によって「素数定理」が証明されます．これは大きなドラマでした．20世紀の半ばには，到底無理だと思われていた「素数定理」の「初等的な証明（複素関数論を使わない証明）」が見つかりました．セルベリ（Atle Selberg；1917-2007）とエルデーシュによる快挙でした．その後も，多くの「競演」と「協演」があり，「素数の謎」が少しずつ明らかになってきています．それでも素数の謎を完全に解決するには程遠い現状です．おそらく「素数の謎」は数学でも最も深いところにある謎なのでしょう．

ところで，以前の講義録を書き換えるのは思ったよりも大変で，最後の段階で加美山さんに代わって編集担当になった吉田宇一さんには大変な作業をお願いすることになりました．最後の原稿と初校と再校が同時に行き来する状況において忍耐強く私のわがままを聞き入れて，このようなきれいな本に仕立ててくださったことに深く感謝します．

中村 滋

1943年生まれ．1965年東京大学理学部数学科卒．1967年東京大学大学院理学系研究科数学専攻修士課程修了．理学修士．東京商船大学商船学部(現東京海洋大学海洋工学部)教授などを経て，現在，東京海洋大学名誉教授，日本フィボナッチ協会副代表．
著書として，『フィボナッチ数の小宇宙——フィボナッチ数，リュカ数，黄金分割(改訂版)』『数学史の小窓』(日本評論社)，『微分積分学21講——天才たちのアイディアによる教養数学』(東京図書)，『数学の花束』(岩波書店)，『円周率——歴史と数理』(共立出版)，『数学史——数学5000年の歩み』(室井和男との共著，共立出版)など．

岩波 科学ライブラリー 283
素数物語——アイディアの饗宴

2019年3月13日　第1刷発行
2020年11月5日　第2刷発行

著　者　中村　滋

発行者　岡本　厚

発行所　株式会社 岩波書店
〒101-8002 東京都千代田区一ツ橋2-5-5
電話案内 03-5210-4000
https://www.iwanami.co.jp/

印刷 製本・法令印刷　カバー・半七印刷

© Shigeru Nakamura 2019
ISBN 978-4-00-029683-0　Printed in Japan

## 岩波科学ライブラリー〈既刊書〉

### 251 なぜ蚊は人を襲うのか
嘉糠洋陸
本体 1200 円

人を襲うのはオスと交配したメス蚊だけだ．なぜか．アフリカの大地で巨大蚊柱と格闘し，アマゾンでは牛に群がる蚊を追う．かたや研究室で万単位の蚊を飼育．そんな著者だからこそ語れる蚊の知られざる奇妙な生態の数々．

### 252 星くずたちの記憶
銀河から太陽系への物語
橘 省吾
本体 1200 円

彗星の塵，月の石，「はやぶさ」が持ち帰った小惑星のかけら……．「星くず」の中の鉱物には，宇宙や太陽系の過去が刻印されている．その〈記憶〉を丁寧に読み解きながら，明るみに出た星くずたちの雄大な旅路を紹介．

### 253 巨大数
鈴木真治
本体 1200 円

アルキメデスが数えたという宇宙を覆う砂の数，仏典の最大数「不可説不可説転」，宇宙の永劫回帰時間，数学の証明に使われた最大の数…などなど，伝説と科学に登場するさまざまな巨大数の文字通り壮大な歴史を描く．

### 254 クモの糸でバイオリン
大﨑茂芳
本体 1200 円

クモの糸にぶら下がって世間を賑わせた著者が，今度はクモの糸でバイオリンの弦を……!? 暗中模索，数年がかりで完成した弦が，やがてストラディバリウスの上で奏でられ，大反響を巻き起こすまで，成功物語のすべてをレポート．

### 255 難病にいどむ遺伝子治療
小長谷正明
本体 1300 円

原因がわからず治療法もないなかで患者と家族を苦しめてきた遺伝性の難病．医学の進歩によって理解がすすみ，治療の希望が見えてきた．歴史的エピソードや豊富な臨床体験を交えながら，発見の臨場感をこめて綴る．

### 256 ゾンビ・パラサイト
ホストを操る寄生生物たち
小澤祥司
本体 1200 円

ホスト（宿主）の体を棲み処とするパラサイト（寄生生物）の中に，自分や子孫の生存にとって有利になるように，ホストの行動を操るものが進化してきた．ホストをゾンビ化して操るパラサイトたちの精妙な生態を紹介．

### 257 つじつまを合わせたがる脳
横澤一彦
本体 1200 円

作り物とわかっているのに自分の手と思い込む．目の前にあるのに見落としてしまう．いずれも脳のつじつま合わせが引き起こす現象．このおかげで，われわれは安心して日常を生きていられる？ 脳と上手につきあうための本．

### 258 ラマヌジャン探検
天才数学者の奇蹟をめぐる
黒川信重
本体 1200 円

わずか 30 年ほどの生涯のなかで，天才数学者ラマヌジャンが発見した奇蹟ともいえる公式の数々．百年後もなお輝きを失わないどころか，数学の未来を照らし出す．奇蹟の数式の導出からその意味までを存分に味わえる本．

| | | |
|---|---|---|
| 広瀬友紀 | | ことばを身につける最中の子どもが見せる面白くて可愛らしい「間違い」は，ことばの秘密を知る絶好の手がかり．大人からの訂正にはおかまいなく，言語獲得の冒険に立ち向かう子どもは，ちいさい言語学者なのだ． |
| 259 **ちいさい言語学者の冒険** | | |
| 子どもに学ぶことばの秘密 | | |
| | 本体 1200 円 | |

| | | |
|---|---|---|
| 真鍋 真 | | 半世紀以上にわたって読み継がれてきた名作絵本『せいめいのれきし』．改訂版を監修した恐竜博士が，長い長い命のリレーのお芝居の見どころを解説します．隅ずみまで描き込まれたしかけなど，楽しい情報が満載です． |
| 260 **深読み!絵本『せいめいのれきし』** | | |
| | カラー版 本体 1500 円 | |

| | | |
|---|---|---|
| 窪薗晴夫 編 | | 日本語を豊かにしている擬音語や擬態語．スクスクとクスクスはどうして意味が違うの？ 外国語にもオノマトペはあるの？ モフモフはどうやって生まれたの？ 八つの素朴な疑問に答えながら，その魅力に迫ります． |
| 261 **オノマトペの謎** | | |
| ピカチュウからモフモフまで | | |
| | 本体 1500 円 | |

| | | |
|---|---|---|
| 千葉 聡 | | 地味でパッとしないカタツムリだが，生物進化の研究においては欠くべからざる華だった．偶然と必然，連続と不連続……．行きつ戻りつしながらもじりじりと前進していく研究の営みと，カタツムリの進化を重ねた壮大な歴史絵巻． |
| 262 **歌うカタツムリ** | | |
| 進化とらせんの物語 | | |
| | 本体 1600 円 | |

| | | |
|---|---|---|
| 徳田雄洋 | | 将棋や囲碁で人間のチャンピオンがコンピュータに敗れる時代となってしまった．前世紀，必勝法にとりつかれた人々がはじめた研究をたどりながら，必勝法の原理とその数理科学・経済学・情報科学への影響を解説する． |
| 263 **必勝法の数学** | | |
| | 本体 1200 円 | |

| | | |
|---|---|---|
| 上村佳孝 | | ワインの栓を抜くように，鯛焼きを鋳型で焼くように——!? 昆虫の交尾は，奇想天外・摩訶不思議．その謎に魅せられた研究者が，徹底した観察と実験で真実を解き明かしてゆく，サイエンス・エンタメノンフィクション！［袋とじ付］ |
| 264 **昆虫の交尾は、味わい深い…。** | | |
| | 本体 1300 円 | |

| | | |
|---|---|---|
| 山内一也 | | はしかは，かつてはありふれた病気で軽くみられがちだ．しかしエイズ同様，免疫力を低下させ，脳の難病を起こす恐ろしいウイルスなのだ．一方，はしかを利用した癌治療も注目されている．知られざるはしかの話題が満載． |
| 265 **はしかの脅威と驚異** | | |
| | 本体 1200 円 | |

| | | |
|---|---|---|
| 鎌田浩毅 | | 日本の地盤は千年ぶりの「大地変動の時代」に入った．内陸の直下型地震や火山噴火は数十年続き，2035 年には「西日本大震災」が迫る．市民の目線で本当に必要なことを，伝える技術を総動員して紹介．命を守る行動を説く． |
| 266 **日本の地下で何が起きているのか** | | |
| | 本体 1400 円 | |

定価は表示価格に消費税が加算されます．2020 年 11 月現在

## 岩波科学ライブラリー〈既刊書〉

### 267 うつも肥満も腸内細菌に訊け！
小澤祥司
本体 1300 円

腸内細菌の新たな働きが，つぎつぎと明らかにされている．つくり出した物質が神経やホルモンをとおして脳にも作用し，さまざま病気や，食欲，感情や精神にまで関与する．あなたの不調も腸内細菌の乱れが原因かもしれない．

### 268 ドローンで迫る 伊豆半島の衝突
小山真人
カラー版 本体 1700 円

美しくダイナミックな地形・地質を約百点のドローン撮影写真で紹介．中心となるのは，伊豆半島と本州の衝突が進行し，富士山・伊豆東部火山群・箱根山・伊豆大島などの火山活動も活発な地域である．

### 269 岩石はどうしてできたか
諏訪兼位
本体 1400 円

泥臭いと言われつつ岩石にのめり込んで70年の著者とともにたどる岩石学の歴史．岩石の源は水かマグマか，この論争から出発し，やがて地球史や生物進化の解明に大きな役割を果たし，月の探査に活躍するまでを描く．

### 270 広辞苑を３倍楽しむ その２
岩波書店編集部 編
カラー版 本体 1500 円

各界で活躍する著者たちが広辞苑から選んだ言葉を話のタネに，科学にまつわるエッセイと美しい写真で描きだすサイエンス・ワールド．第七版で新しく加わった旬な言葉についての書下ろしも加えて，厳選の50連発．

### 271 サンプリングって何だろう
統計を使って全体を知る方法
廣瀬雅代，稲垣佑典，深谷肇一
本体 1200 円

ビッグデータといえども，扱うデータはあくまでも全体の一部だ．その一部のデータからなぜ全体がわかるのか，データの偏りは避けられるのか．統計学のキホンの「キ」であるサンプリングについて徹底的にわかりやすく解説する．

### 272 学ぶ脳
ぼんやりにこそ意味がある
虫明 元
本体 1200 円

ぼんやりしている時に脳はなぜ活発に活動するのか？　脳ではいくつものネットワークが状況に応じて切り替わりながら活動している．ぼんやりしている時，ネットワークが再構成され，ひらめきが生まれる．脳の流儀で学べ！

### 273 無限
イアン・スチュアート／川辺治之訳
本体 1500 円

取り扱いを誤ると，とんでもないパラドックスに陥ってしまう無限を，数学者はどう扱うのか．正しそうでもあり間違ってもいそうな９つの例を考えながら，算数レベルから解析学・幾何学・集合論まで，無限の本質に迫る．

### 274 分かちあう心の進化
松沢哲郎
本体 1800 円

今あるような人の心が生まれた道すじを知るために，チンパンジー，ボノボに始まり，ゴリラ，オランウータン，霊長類，哺乳類……と比較の輪を広げていこう．そこから見えてきた言語や芸術の本質，暴力の起源，そして愛とは．

| | | |
|---|---|---|
| 松本 顕<br>275 **時をあやつる遺伝子**<br>本体1300円 | | 生命にそなわる体内時計のしくみの解明.ショウジョウバエを用いたこの研究は,分子行動遺伝学の劇的な成果の一つだ.次々と新たな技を繰り出し一番乗りを争う研究者たち.ノーベル賞に至る研究レースを参戦者の一人がたどる. |
| 濱尾章二<br>276 **「おしどり夫婦」ではない鳥たち**<br>本体1200円 | | 厳しい自然の中では,より多く子を残す性質が進化する.一見,不思議に見える不倫や浮気,子殺し,雌雄の産み分けも,日々奮闘する鳥たちの真の姿なのだ.利己的な興味深い生態をわかりやすく解き明かす. |
| 金 重明<br>277 **ガロアの論文を読んでみた**<br>本体1500円 | | 決闘の前夜,ガロアが手にしていた第1論文.方程式の背後に群の構造を見出したこの論文は,まさに時代を超越するものだった.簡潔で省略の多いその記述の行間を補いつつ,高校数学をベースにじっくりと読み解く. |
| 新村芳人<br>278 **嗅覚はどう進化してきたか**<br>生き物たちの匂い世界<br>本体1400円 | | 人間は400種類の嗅覚受容体で何万種類もの匂いをかぎ分けるが,そのしくみはどうなっているのか.環境に応じて,ある感覚を豊かにし,ある感覚を失うことで,種ごとに独自の感覚世界をもつにいたる進化の道すじ. |
| 藤垣裕子<br>279 **科学者の社会的責任**<br>本体1300円 | | 驚異的に発展し社会に浸透する科学の影響はいまや誰にも正確にはわからない.科学技術に関する意思決定と科学者の社会的責任の新しいあり方を,過去の事例をふまえるとともにEUの昨今の取り組みを参考にして考える. |
| ロビン・ウィルソン/川辺治之訳<br>280 **組合せ数学**<br>本体1600円 | | ふだん何気なく行っている「選ぶ,並べる,数える」といった行為の根底にある法則を突き詰めたのが組合せ数学.古代中国やインドに始まり,応用範囲が近年大きく広がったこの分野から,バラエティに富む話題を紹介. |
| 小澤祥司<br>281 **メタボも老化も腸内細菌に訊け!**<br>本体1300円 | | 癌の発症に腸内細菌はどこまで関与しているのか? 関わっているとしたら,どんなメカニズムで? 腸内細菌叢を若々しく保てば,癌の発症を防いだり,老化を遅らせたり,認知症の進行を食い止めたりできるのか? |
| 井田喜明<br>282 **予測の科学はどう変わる?**<br>人工知能と地震・噴火・気象現象<br>本体1200円 | | 自然災害の予測に人工知能の応用が模索されている.人工知能による予測は,膨大なデータの学習から得られる経験的な推測で,失敗しても理由は不明,対策はデータを増やすことだけ.どんな可能性と限界があるのか. |

定価は表示価格に消費税が加算されます.2020年11月現在

## 岩波科学ライブラリー〈既刊書〉

### 283 素数物語
アイディアの饗宴
中村 滋
本体 1300 円

すべての数は素数からできている．フェルマー，オイラー，ガウスなど数学史の巨人たちがその秘密の解明にどれだけ情熱を傾けたか．彼らの足跡をたどりながら，素数の発見から「素数定理」の発見までの驚きの発想を語り尽くす．

### 284 論理学超入門
グレアム・プリースト／菅沼聡，廣瀬覚訳
本体 1600 円

とっつきにくい印象のある〈論理学〉の基本を概観しながら，背景にある哲学的な問題をわかりやすく説明する．問題や解答もあり．好評「〈1 冊でわかる〉論理学」にチューリング，ゲーデルに関する 2 章を加えた改訂第 2 版．

### 285 皮膚はすごい
生き物たちの驚くべき進化
傳田光洋
本体 1200 円

ボロボロとはがれ落ちる柔な皮膚もあれば，かたや脱皮でしか脱げない頑丈な皮膚．からだを防御するだけでなく，色や形を変化させて気分も表現できる．生き物たちの「包装紙」のトンデモな仕組みと人の進化がついに明らかになる．

### 286 結局、ウナギは食べていいのか問題
海部健三
本体 1200 円

土用の丑の日，店頭はウナギの蒲焼きでにぎやかだ．でも，ウナギって絶滅危惧種だったはず……．結局のところ絶滅するの？ 土用の丑に食べてはいけない？ 気になるポイントを Q&A で整理．ウナギと美味しく共存する道を探る．

### 287 南の島のよくカニ食う旧石器人
藤田祐樹
本体 1300 円

謎多き旧石器時代．何万年もの間，人々はいかに暮らしていたのか．えっ，カニですか……!？ 貝でビーズを作り，旬のカニをたらふく食べる．沖縄の洞窟遺跡から見えてきた，旧石器人の優雅な生活を，見てきたようにいきいきと描く．

### 288 海洋プラスチック汚染
「プラなし」博士、ごみを語る
中嶋亮太
本体 1400 円

大洋の沖から海溝の底にまで溢れかえるペットボトルやポリ袋，生き物に大量に取り込まれる微細プラスチック．海洋汚染は深刻だ．人気サイト「プラなし生活」運営者でもある若手海洋研究者が問題を整理し解決策を提示する．

### 289 驚異の量子コンピュータ
宇宙最強マシンへの挑戦
藤井啓祐
本体 1500 円

量子コンピュータを取り囲む環境は短期間のうちに激変した．そのからくりとは何か．いかなる歴史を経て現在に至り，どんな未来が待ち受けているのか．気鋭の若手研究者として体感している興奮をもって解き明かす．

### 290 おしゃべりな糖
第三の生命暗号、糖鎖のはなし
笠井献一
本体 1200 円

糖といえばエネルギー源．しかし，その連なりである糖鎖は，情報伝達に大活躍する．糖はかしこく，おしゃべりなのだ！ 外交，殺人，甘い罠．謎多き生命の〈黒幕〉，糖鎖の世界をいきいきと伝える，はじめての入門書．

定価は表示価格に消費税が加算されます．2020 年 11 月現在